机遇·使命·担当

——青田 GIAHS 申报与保护当事者说

闵庆文　主编

中国农业出版社
北　京

前言

今年是浙江青田稻鱼共生系统被列入全球重要农业文化遗产（GIAHS）20 周年，也是 GIAHS 正式成为联合国粮食及农业组织（FAO，简称联合国粮农组织）业务化工作 10 周年、《重要农业文化遗产管理办法》颁布 10 周年。

经过 20 年的发展，GIAHS 的概念和保护理念已经得到了广泛认可。就在昨天结束的 GIAHS 科学咨询小组（SAG）会议上，中国、巴西、墨西哥和西班牙申请的 6 个项目得到批准，被列入 GIAHS 名录，其中包括中国的浙江德清淡水珍珠复合养殖系统、福建福鼎白茶文化系统和甘肃皋兰什川古梨园系统 3 个项目。截至目前，世界上已有 95 个项目，而且各国的申报积极性不断提高。

经过 20 年的发展，GIAHS 保护和发展取得了显著进展，在推动乡村生态保护、文化传承和社会经济发展中发挥了重要作用。

经过 20 年的发展，GIAHS 及其保护研究不断深入，许多不同专业的科研人员投入其中，一个新的研究领域正悄然形成。

经过 20 年的发展，GIAHS 管理机制不断完善，相关法规陆续出台，相关管理机构陆续成立。

经过 20 年的发展，GIAHS 申报越来越规范，特别是 2016 年联合国粮农组织全球重要农业文化遗产科学咨询小组（SAG）成立后，地方申报、国家推荐、专家评估的机制不断完善。

而所有这一切，无疑都和“青田”有关。因为，青田不仅是第一个正式授牌的遗产地，而且是“GIAHS 保护与发展最成功的探索者”，体现在其规划编制、制度建设、保护利用、能力建设、科学研究、人才培养等各个方面。可以说，“青田”是认识 GIAHS 在中国、乃至世界上发展的最好样本。

许多有志参与 GIAHS 保护和发展的人，抑或是对 GIAHS 稍有兴趣的人，可能都会有这样的疑问：什么是 GIAHS？ GIAHS 提出的背景是什么？为什么“GIAHS”在中国被翻译成“全球重要农业文化遗产”？“稻鱼共生系统”为什么能被遴选为第一批试点项目？世界上第一个正式授牌的项目点为什么会是“青田”？“GIAHS 倡议”和“GIAHS 项目”是什么关系？为什么在青田稻鱼共生系统博物馆中会有三个牌子？青田在被选为第一个正式授牌的“试点”后做了哪些工作？……

青田农业文化遗产发掘与保护的探索工作最值得关注的可能是 2015 年 GIAHS 成为联合国粮农组织业务化工作之前的一段时间，因为那时人们对于 GIAHS 这一新的遗产类型还不了解。那十多年时间可以分为三个阶段：一是 2003—2005 年的试点申报阶段，其标志是 2005 年 6 月 9—11 日在杭州召开的“全球重要农业文化遗产保护项目‘稻鱼共生系统’启动研讨会”和在青田举行的授牌仪式及在龙现村举行的揭碑仪式；二是 2005—2008 年的项目申报阶段，其标志是 2008 年 6 月全球环境基金（GEF）正式批准该项目；三是 2009—2015 年的项目执行和总结阶段，其标志是 2009 年 2 月 12 日在北京举行的“FAO/GEF- 全球重要农业文化遗产（GIAHS）动态保护与适应性管理——中国青田稻鱼共生系统试点项目启动暨学术研讨会”和2015 年 10 月 13 日在青田召开的“FAO/GEF-GIAHS 中国项目活动总结暨‘青田稻鱼共生系统’授牌十周年纪念会”。

为了让更多人了解那段历史和背后的故事，在青田县政府的支持下，我们组织人员对主要当事人进行了访谈，约请部分当事人撰写回忆文章，收集有代表性活动的媒体报道和会议纪要，试图对上述问题进行解答。

需要说明的是，在对相关内容进行整理过程中，我们尽量尊重当事人的意见和表述，仅对个别明显错误进行了订正，并为访谈文章补充了题目。同时，由于时间原因，无法对所有当事人进行采访或约稿，在此表示歉意，并期待以后有机会修订时补充。

我一直认为，进入农业文化遗产领域是我最大的幸运。幸运的是，我几乎见证了这项事业发展的全部历程并在其中发挥了一点作用；幸运的是，在 20 年的工作过程中，我得到了很多领导、前辈的指导和帮助，结识了很多朋友，去了很多地方，学习了很多超出原来专业的东西。在过去 20 年里，我付出了许多，收获的更多。借此机会，感谢青田县委、县政府和农业农村局以及方山乡、龙现村的领导和朋友们对我 20 年来工作的支持！感谢农业农村部国际合作司、中国科学院地理科学与资源研究所、中国农学会等单位对我 20 年来工作的支持！感谢前辈和同仁对我 20 年来工作的指导和帮助！感谢所有应约撰稿、接受访谈的各位当事人和参加访谈与记录整理工作的同学们！感谢中国农业出版社及其编辑人员的大力支持，使本书能在较短时间内付梓出版。

2025 年 5 月 22 日

目 录

前言

第一部分 中国 GIAHS 发展回顾

第二部分 青田人的访谈与回忆

第三部分　科研人的访谈与回忆

第四部分　媒体人的访谈与回忆

第五部分 部分重点活动总结及媒体报道

PART 1

第一部分

中国 GIAHS 发展回顾

2015年10月，李文华院士在第二届全国农业文化遗产学术研讨会上作报告（闵庆文/提供）

从生态农业建设到农业文化遗产保护

我对生态农业的关注

中国自古就有保护自然的优良传统，并在长期的实践中积累了朴素且丰富的经验，传统生态农业就是其中的精华，对现代生态农业和农业可持续发展依然具有重要的指导作用。系统总结中国传统生态农业的精华，并与现代技术相结合，推进现代生态农业的发展，是一项十分重要的工作。20 世纪80 年代中期至今，我一直参与相关工作，我的学生刘金勋、娄安如、杨修、闵庆文、卢兵友等均以这一领域的相关内容为题完成了学位论文或研究报告。

早在1990年担任联合国教科文组织人与生物圈计划国际协调委员会主席并负责中国人与生物圈计划的常务工作时，我就已把生态农业列为我国人与生物圈计划的重点之一，并决定组织人力编写一本系统介绍我国农林复合经营的系统著作。当时我曾组织赖世登、王英芳、顾连宏、廖俊国等同志做了大量的调研和资料收集工作，和赖世登一起主编了我国第一部农林复合系统的专著《中国农林复合经营》，并于1994年由科学出版社出版。

1993年，我在瑞士出版了图书*Integrated Farming Systems in China*，2001 年我主编的*Agro-Ecological Farming Systems in China* 一书被列入联合国教科文组织生态学系列丛书出版。其中后者的编著得到了中国科学院地理科学与资源研究所（以下简称中科院地理资源所）的韩群力、上海植物生理研究所的王天铎先生和我的学生闵庆文、石培礼的帮助。

2003 年，由我组织编写的专著《生态农业——中国可持续农业的理论与实践》出版，为中国农村经济发展与全面建设小康社会作出贡献，同时为国际可持续农业发展提供了借鉴。值得说明的是，这部180 万字的专著是在没有较大项目支持的情况下启动并完成的；9位副主编各司其职，对各篇内容分别严格把关；特别是张壬午同志和我的学生闵庆文同志，更是直接参与拟定提纲，几度通读全稿，并对有关内容进行直接修改与调整；我的学生许中旗也承担了大量的日常工作；来自不同部门的94 位作者，均以促进我国生态农业的发展为己任，没有人提出任何条件，大家克服各种困难，很好地完成了写作任务。一批我国现代生态农业研究的开拓者与生态农业建设的实践者，像王兆骞、郭书田、张象枢、闻大中、云正明、沈亨理等先生，尽管年事已高，但都怀着“抢救”与振兴中国生态农业的满腔热情，克服年老多病、事务繁忙等诸多困难，对这部书的成稿做出了积极的贡献。一批中青年生态农业工作者，如骆世明、程序、王树清、卞有生、吴文良等，也积极参与并做出了重要贡献。正如该书一位作者所说的那样：“我们所进行的不仅是一本书的编写，而是在抢救中国生态农业的历史文化遗产。”这部书获得了“第十四届中国图书奖”。

从生态农业转向农业文化遗产

农业文化遗产的挖掘与保护示范是生态农业研究和应用推广的进一步深化。我认为生态农业和农业文化遗产的理念结合得非常好，生态农业把它核心的一些指导思想、技术、模式提出来了。现在我们成功申报的农业文化遗产地，如稻鱼共生系统、农林复合系统、桑基鱼塘系统等，很多都是在我国长期的实践中保留下来的一些典型。它们不仅保育了当地的生物多样性，适应了当地的自然条件，产生了具有独创性的管理实践与技术的结合，还深刻反映了人与自然的和谐进化，持续不断地提供了丰富多样的产品和服务，保障了食物安全，提高了生活质量，具有重要的文化价值、景观价值、生态价值、经济价值和社会价值，特别是对于当今人类社会协调人与自然的关系、促进经济社会可持续发展更显弥足珍贵。

中国是世界上几大农业起源中心之一，农业文明是华夏文明的重要组成部分，有着深厚的文化底蕴。因此，在这个方面我们能起到一个引领作用。中国的农业文化遗产是世界农业文化遗产的重要组成部分，中国也是最早响应并积极参与联合国粮食及农业组织（FAO）全球重要农业文化遗产（GIAHS）倡议的国家之一。在GIAHS项目秘书处、FAO驻华代表处，以及有关地方政府的积极配合，相关学科专家和遗产地民众的积极参与下，农业农村部国际合作司和中科院地理资源所积极参与了项目的准备、申请与实施工作。

2004年，中国科学院院长路甬祥基于我在国际合作方面的经验、与多个国际组织良好的合作关系以及多学科研究的学术背景，建议由我牵头组织开展自然与文化遗产的研究工作。为了自然与文化遗产的研究工作顺利开展，我和我的团队决定选择农业文化遗产作为切入点。2006年，中科院地理资源所成立了自然与文化遗产研究中心，我担任中心主任，这也为全球和中国重要农业文化遗产保护与研究提供了平台。

中国GIAHS发展的四个阶段

中国GIAHS保护工作可以分为四个阶段。

第一个阶段是2003—2005年，为试点申请阶段。通过实地调查、组织研讨、培训等活动，完成了试点（中国浙江青田稻鱼共生系统）的基线调查、申报材料准备等工作，调动了遗产地干部和群众参与的积极性。2005年6月，在青田县举行了授牌仪式。

第二个阶段是2005—2008年，为项目申请和初步探索阶段。根据GIAHS秘书处的要求，进一步完善中国试点的材料准备工作，明确了打造一个具有国际示范作用的GIAHS保护试点、申报成功10个GIAHS保护试点、开展中国重要农业文化遗产（China-NIAHS）保护并认定20个左右、开展农业文化遗产的系统研究、促进农业文化遗产学科发展等工作内容，并以“中国浙江青田稻鱼共生系统”为基础初步探索农业文化遗产保护与区域经济社会协调发展的途径。

第三个阶段是2009—2014年，为项目实施阶段。2009年2月，全球重要农业文化遗产保护中国项目启动会在北京召开，标志着GIAHS项目在中国的正式启动。随后按照项目计划，成立了项目专家委员会，重点在保护途径探索与试点经验推广、GIAHS试点的遴选与推荐、管理机制建设、科学研究与科学普及、能力建设与国际合作等方面全面开展相关工作，顺利完成了项目设定的目标，取得了极好的成效。这期间，农业部于2012年开始中国重要农业文化遗产的挖掘、保护和可持续利用工作。在研究方面，为从战略层面深刻认识农业文化遗产及其保护的意义，分析当前农业文化遗产保护与发展中存在的问题，系统规划未来中国农业文化遗产发掘与保护、利用与传承的方向，由我牵头的中国工程院重点咨询项目“中国重要农业文化遗产保护与发展战略研究”得到批准，并于2013 年正式启动。

第四个阶段是2014年至今，为稳定发展阶段。2014 年1 月和3 月，农业部分别成立了全球重要农业文化遗产专家委员会和中国重要农业文化遗产专家委员会，我被聘为主任委员；10月，我牵头申请的中国农学会农业文化遗产分会正式成立。特别是中国工程院重点咨询项目“中国重要农业文化遗产保护与发展战略研究”的执行，通过实地调研、专家咨询等多种方式，从种植业、林果业、畜牧业、水产业，以及资源与环境五个方面展开研究，完成了研究报告《中国重要农业文化遗产保护与发展战略》，并正式出版。撰写了多篇咨询报告并得到了国家和地方领导人的批示，其中我和任继周院士、束怀瑞院士、向仲怀院士、闵庆文研究员完成的《关于加快山东夏津黄河故道古桑树群农业文化遗产保护与发展的建议》，于2014 年8 月得到山东省主要领导的批示；我牵头完成的《关于加强中国农业文化遗产研究与保护工作的建议》，于2014年12 月得到刘延东副总理的批示。我们参与编制的《重要农业文化遗产管理办法》，于2015 年由农业部颁布实施，这也标志着重要农业文化遗产工作进入了新的阶段。

农业文化遗产工作最初并不为人们所理解，我们也遇到了经费上和渠道上的多重困难。但是由于这一事业本身的重要性和从事这方面研究者的大力支持，特别是我们这个小而精的团队的不懈努力，已取得了很好的进展，在国内外产生了良好的影响。推动农业文化遗产工作时我已年逾七十，对能够率领团队推进农业文化遗产保护工作并在国际舞台上发出我们的声音，也是聊以慰藉的一件事。

（作者为中国工程院院士、中国科学院地理科学与资源研究所研究员，曾任联合国粮农组织全球重要农业文化遗产项目指导委员会主席、农业农村部全球/中国重要农业文化遗产专家委员会主任委员、中国农学会农业文化遗产分会主任。本篇摘编自《绿境求索：李文华自传》，李文华著，北京：科学出版社，2024.1。标题和文内小标题为本书编者所加）

2009年5月，赵立军出席联合国大会审议农业议题（赵立军/提供）

农业文化遗产的中国往事

2018年4月，在罗马举行的全球重要农业文化遗产（GIAHS）国际论坛上，4项来自中国的遗产获得授牌。我因工作原因，第一次缺席了授牌仪式现场，但心中惦念不已，通过视频直播观看了论坛全程。当来自中国的全体代表欣喜地抱着牌匾合影时，远在数千里之外的我，心潮和他们一样澎湃。

到今年（2018年），我国已拥有15项全球重要农业文化遗产，而前后算起来，我和它结缘也有15个年头了。回顾我的职业生涯，几乎和这项工作进入中国的时间一样久，并且与它的联系从未中断。

今年对于全球重要农业文化遗产来说，也是具有里程碑性质的一年。遗产总数达到50个，覆盖了20个国家，并且历史上首次有欧洲国家的遗产入围。作为中国农业文化遗产事业主要参与者和亲历者之一，我深感此刻有必要写些文字，记录这十多年来遗产事业发展的曲折道路，展望它的光明前景，不忘初心，继续前行。

冷门项目，乏人问津

2004年，我研究生毕业后来到农业部工作，负责FAO事务。8月的一天，两位学者突然来访："我们准备帮中国申报FAO的全球重要农业文化遗产，你们需要马上出证明、上项目！""这位是联合国大学的专家！……"我自忖对

FAO大小项目都有所了解，但从来没听说过农业文化遗产，心想对方莫非在开玩笑?

当我读了对方带来的英文材料后，心里很快踏实了。这份文件是如假包换的FAO公文，联合国大学也确有其机构，然而这“农业文化遗产”过去从未听说，连检索FAO官网都毫无踪迹。和来访者连续交流几次之后，我终于理清了头绪。原来这是FAO总部水土司策划的一个概念式项目，准备争取GEF资金支持，但并未走正常渠道，而是通过专家来游说，希望能和中国一起申请一个全球项目。

类似的待提交的FAO项目概念书排着长队，但这个项目文件里的一句话打动了我:“传统农业不是落后的，而是历经千年、饱含智慧，更加能维系人类的未来。”我生长在农村，幼年就习惯了日出而作、日落而息的生活，对阡陌纵横、鸡犬相闻的传统农耕模式有着扯不断的眷恋和深情。这件事或许值得一试！在征得领导的许可后，我开始与两位学者研究项目的具体内容。

FAO希望在中国、智利、秘鲁等6个国家分别挑选一个农业系统作为遗产试点，两位专家提出了两个中国候选项目——浙江青田的稻鱼共生系统和贵州从江的稻鱼鸭系统，都是非常优秀的传统农耕模式。专家建议，这两个项目可以一起申报，而我们商量后认为：两地相距甚远，不便同时做项目。浙江地处发达地区，交通便利；观念开放，比远在大山深处的从江更擅长开展国际交流；另外，从保护传统农耕的迫切性来说，浙江也更紧急些。基于上述考虑，我们决定先推“青田稻鱼共生系统”作为首个试点。

自此，全球重要农业文化遗产保护工作在中国拉开了序幕。

这两位把农业文化遗产介绍到中国农业部的学者不能忘记，一位叫胡瑞法，来自中科院地理资源所；一位叫梁洛辉，来自联合国大学。尽管后来他们离开了各自工作岗位和这项工作，但他们始终不曾远离，依旧关心和支持着农业文化遗产工作。

艰苦探索，渐有起色

几番协调争取后，财政部最终同意拨给我们50万美元的GEF资金额度，我国几乎是踩着截止日期红线把同意函发给了FAO总部。这时候，我终于和这个项目的真正发起人打上了交道，他就是全球重要农业文化遗产概念的提出者、时任FAO水土司司长的Parviz Koohafkan先生。一晃十多年过去了，这个睿智倔强的伊朗老人成为中国的坚定拥护者和我一生的良师挚友。GEF项目批准之后，我们安排中科院地理资源所承担执行单位的任务。然而，真正实施起来才知道有多棘手，因领域生僻、参与国别多，又没走正规渠道，因此需要开展大量的额外协调工作，这对于一个学术机构来说太过复杂烦冗。例如，要召开启动会，厘不清谁主办谁承办、怎么请政府部门、怎么通知外宾、怎么支付报账等。

项目启动伊始，我就预见到这个项目将来必定成为一项长期性工作，需要在政府部门里找个对口的管理单位，于是我们找到了农业部种植业司、科技教育司、渔业局等部门，还请办公厅出面协调。然而大家对这个国际上都超前的概念都感到陌生和谨慎，最终，还是由国际合作司继续负责。

我们和中科院的合作也经历了较长时间的磨合。例如确定项目试点后，需要在青田竖立遗产标识，专家打算直接署名FAO和中国农业部，但是署名政府必须充分论证、严格程序，我们经过反复斟酌后，最终在标识上只保留了FAO、GEF和UNDP（联合国开发计划署）三家国际机构（因当时项目是三大机构参与组织实施，它也成为我国唯一一个由三家机构署名的遗产标识）。政府部门和科研机构的不同思路和风格给项目管理增加了沟通成本。

这个时候，同样来自中科院地理资源所的闵庆文研究员成为遗产项目的关键人物。他几乎在最需要的时间出现，成为最完美的人选。他具备深厚的学术功底，熟谙生态农业，通晓政府事务，英语流利，行动高效，善于协调。最重要的是，他对农业文化遗产工作充满热情和信心。闵先生以极大的热忱，推动了中科院对农业文化遗产工作的重视。他是在其导师李文华院士的推荐下加入进来的。李院士是我国生态农业的资深专家，领导过联合国教科文组织人与生物圈计划，虽已年逾七十，但精力充沛。正是李院士的影响力与闵先生的执行力，促成中科院地理资源所专门成立了自然与文化遗产研究中心。就这样，以李院士、闵先生为核心，一支稳定的技术团队由此逐渐形成，这支队伍日后也成为全世界农业文化遗产领域的科研领袖。

刚开始，闵先生的团队十分清苦，项目办数年仅有GEF的50万美元支持，既要实施项目活动，又要负担研究生的科研经费。更难的是，这项工作理念过于超前，在当时保增产的农业大环境下，基层政府和群众并不太认可，参与积极性并不高，基本上是边科普、边推进。

不仅有内忧，更多的是外患。“遗产之父”Parviz先生于2012年从FAO退休，他主事的时候，与中国密切互动，以娴熟的外交技巧逐步让农业文化遗产工作机制从松散步入正轨，然而他的退休让这项工作在国际上突然没了主心骨，原本良好的工作势头开始倒退。在FAO管理会议上，除了中国强力支持外，发展中国家大多无动于衷、袖手旁观，而美国、澳大利亚等农产品贸易大国因没有农耕文化，害怕背后潜伏着新的技术壁垒，因此坚决抵制农业文化遗产工作。

尽管经历了长时间的沉寂期，我仍然相信这项事业迟早会得到认可，以微薄之力与其他同道一起致力于农业文化遗产工作。农业部每年都从不多的国际交流专项经费中挤出一部分开展农业文化遗产保护，更重要的是始终稳扎稳打，在国际场合为农业文化遗产鼓与呼，为下一步的发展奠定了宝贵基础。

文化复兴，曙光初现

尽管开局阶段艰苦，但农业文化遗产工作态势仍然发展良好，这要得益于地方政府的重视。青田县作为第一个遗产地，启动伊始即得到了时任浙江省委书记的专门批示：关注此唯一入选世界农业遗产项目，勿使其失传。青田县和其他遗产所在地等先行者不负重托，发挥了很好的试验示范作用，为农业文化遗产保护和发展实践积累了宝贵的经验，也使我们探索出一套适合中国、领先世界的工作路线。以青田县农业局的吴敏芳老师等为代表的基层技术人员和以龙现村的伍丽贞大姐等为代表的农户令人敬佩，他们全力配合政府号召，投身遗产保护和发展事业。

然而，真正使传统农耕文明重现曙光、进入全国各级政府视野和工作的，应当是以党的十七届六中全会谋划社会主义文化建设为契机。中央部署了“文化兴国”战略，充分肯定优秀传统文化是中华民族的精神财富，提出要“坚持保护利用、普及弘扬并重”。从这次会议开始，我国的农业文化遗产工作才算真正迎来了发展的春天。

我们抓住这个机遇，把农业文化遗产工作作为农业领域落实社会主义文化建设的重要行动，给予了更大支持。在国内，我们陆续推动了“浙江绍兴会稽山古香榧群”等系统的申遗工作，为它们成功通过评审付出了巨大努力。在国际层面，我们更积极主动，几乎是推着秘书处在走，一边抗住美国、澳大利亚等国家的非议，一边出钱出力帮助FAO开展工作。李文华院士一直担任CIAHS项目指导委员会的主席，闵庆文先生等进入专家委员会，中国声音始终主导着国际农业文化遗产保护事业。我国开展的保护实践，绝大多数都被FAO借鉴过去，上升为国际范例。

在这段时间，受国际农业文化遗产工作启发，也为了更好打开工作局面，我们不止一次想到了建立国内独立的农业文化遗产网络。农业部国际合作司本可以发起这项工作，但为了事业更好发展，本着“独行速、众行远”的理念，我们邀请农业部乡镇企业局①参与国内农业文化遗产体系的设计。农业部乡镇企业局彼时正处于休闲农业发展初期，这个项目与其职能正好吻合，于是他们以全球重要农业文化遗产为模板，于2012年初发起了中国重要农业文化遗产的发掘与保护，迄今已有4批91项中国重要农业文化遗产。事实也证明了，当初这个选择是正确的，众人拾柴火焰高，农业文化遗产在社会上引起了更广泛的重视和认同。

留住乡愁，柳暗花明

党的十八大后，生态文明建设成为中国发展的主旋律，中国“三农”发展也调整了新的工作思路，农业文化遗产事业迎来前所未有的黄金机遇期。特别是2013年，习近平总书记在中央城镇化工作会议上提出，要让城镇化居民“望得见山、看得见水、记得住乡愁”；在同年召开的中央农村工作会议上，习近平总书记指出，“农耕文化是我国农业的宝贵财富，是中华文化的重要组成部分，不仅不能丢，而且要不断发扬光大”。2015年，习近平总书记在云南省大理白族自治州考察时讲到“农村建设要留得住绿水青山”。这些朴实温暖的话语让多年从事农业文化遗产保护的我们打心眼儿里产生共鸣。总书记对中华农耕文明传承的重视和关心，尤其是他提到哈尼梯田等遗产的保护，让我们感到特别振奋，更加坚定了做好这项事业的决心和信心。

为适应GEF项目结束后的工作转型，2014年，我们组建了农业部全球重要农业文化遗产专家委员会，聘请25位农业、生态、经济、社会、文化等不同领域的院士或学者参加，聘请李文华院士为主任委员、闵庆文先生为副主任委员兼秘书长。这个委员会的建立为我国农业文化遗产的政策制定、学术研究、科

① 后随行政体制改革而有所调整，现为农业农村部乡村产业发展司。——编者注

普等提供了有力支撑。

法者，治之端也。从最初，我和闵庆文先生等人就不断探讨国内农业文化遗产立法的可行性，这是我们孜孜追求的最重要的工作手段和目标之一。从2013年开始，我们开展扎实调研，分析了世界文化遗产、风景名胜区、非物质文化遗产等相关法律条文，并研究了许多国际案例，对于农业文化遗产的管理规则已成竹在胸。经过仔细打磨之后，2015年梦想终成现实，中国农业部以部令形式正式出台《重要农业文化遗产管理办法》，这是全世界第一部农业文化遗产法规，无论对中国还是对世界的农耕文明保护，都具有划时代的意义，不止一个国家向我们索要英文版进行学习。2016年起，农业文化遗产工作连续被写入中央1号文件，受重视程度在国内外前所未有。

在国际上，我们在农业文化遗产领域的话语权和软实力持续提升。2014年，亚太经合组织（APEC）农业与粮食部长会议在北京召开，我们成功推动遗产工作首次写入部长宣言。2015年，在我们的不懈努力下，压倒美国、澳大利亚等反对势力，推动FAO理事会首次将农业文化遗产确定为工作重点，成功使FAO拨出常规预算，建立了永久的秘书处。2016年更进一步，中国在担任二十国集团（G20）主席国期间，我们把握机遇，巧妙利用这个全球治理的核心，成功推动G20农业部长们一致认同GIAHS的重要性。必须说，这是一项极为艰难和了不起的成就，能赢得全球最具影响力的二十多个经济体的共识，这基本上为农业文化遗产工作的国际发展扫平了最主要的政治障碍。

在国际交流中，我们一直秉承着文明交流互鉴的原则，积极对外分享中国经验，为全球农耕文明保护贡献中国智慧。2015年，农业部与FAO签署了协议，利用中国-FAO信托基金，启动了全球重要农业文化遗产南南合作项目。在该项目的支持下，我们培训了来自50个国家的近100名学员。在他们眼里，中国农耕文明的魅力令人向往，遗产保护工作更令他们敬佩。培训效果也极佳，最近几年，世界上新的GIAHS项目有90%来自这些学员的国家，中国这个良师可谓当之无愧。

2017年，党的十九大报告提出坚持农业农村优先发展，实施乡村振兴战略，把“三农”问题上升到前所未有的重视程度。乡村振兴总要求是“产业兴旺、生态宜居、乡风文明、治理有效、生活富裕”，这为农业文化遗产工作提供了绝佳的历史机遇。仔细审视我们的农业文化遗产工作，几乎包含了乡村振兴的所有关键元素，因此必须要在实施乡村振兴战略中发挥重要作用。我相信所有的农业文化遗产工作者都和我一样，迫不及待地想肩负起这个历史责任，努力让遗产活起来、农民富起来、乡村热起来。

不可否认的是，当前国内国际的农业文化遗产发展都还面临着较大压力和挑战：重申报、轻管理，重开发、轻保护，重形式、轻内容；农业多功能开拓不足；农户利益分配机制不科学；国际影响力较弱，规则制度建设滞后；等等。不过，与困难相比，我们拥有更多的是信心，比起世界自然与文化遗产40多年的发展史，农业文化遗产在中国仅短短15年，就已今非昔比。最艰苦的阶段都已经过去，农业文化遗产的"朋友圈"越来越大，"正能量"越来越多，何愁农耕文明不会得到传承呢……

而农业的本性似乎也正是如此，历经数千年沧海桑田，不管世间如何白云苍狗，在这个蓝色星球上，人类的血脉一直紧紧与农业相连，绵延不断、繁衍生息、无穷无尽。

[作者撰写此文时任农业农村部国际合作司国际处处长，现任农业农村部农业贸易促进中心副主任。原刊于《世界遗产》2018（1-2）：39-42]

闵庆文

2015年9月，闵庆文在青田向记者介绍GIAHS保护进展（闵庆文/提供）

中国的GIAHS事业：从艰难起步到蓬勃发展

GIAHS起步，历史选择了青田

早在新中国成立初期，中国就有组织地开展了农业历史的系统研究。至迟在20世纪80年代初期，发掘传统生态农业模式和技术就引起了生态学家和农学家的高度关注，并为现代生态农业的发展发挥了重要作用。

记得2003年初春，我随我的导师、时任东亚地区生态学会联盟（EAFES）主席的李文华院士去日本参加工作会议。正在参与联合国粮农组织全球重要农业文化遗产（GIAHS）项目有关文件起草的联合国大学（UNU）项目官员梁洛辉先生，对李院士在其学术报告中所谈到的中国生态农业发展和传统生态农业模式表示了浓厚的兴趣。后来，梁先生与我所（中科院地理资源所）胡瑞法研究员合作，在农业部国际合作司的支持下，积极推荐中国的稻鱼共生系统作为GIAHS项目试点。

几乎是在同时，时任中国科学院院长的路甬祥院士当选为国际科学院联合会主席。会议期间，联合国教科文组织的专家提出，希望科学家们能为自然与文化遗产保护提供支持。回国后，路院长给时任中科院地理资源所所长的刘纪远研究员写信，希望中科院地理资源所能够组建一个自然与文化遗产研究小组，为文化和自然遗产的保护和发展开展多学科、综合性研究。由于李文华院士曾在国际组织任职而具有丰富的国际合作经验，加上其在生态保护、资源管理和可持续发展等领域深厚的学术造诣，这一工作自然就落在了李院士身上。我是李院士的学生，毕业之后又一直在他的指导下从事生态农业及相关领域的研究，自然有机会第一时间就参与其中。

记得在筹备自然与文化遗产研究中心的时候，胡瑞法研究员介绍了GIAHS项目的准备进展情况。鉴于当时项目支持等各种原因，我们确定了“以农业文化遗产为突破口”的工作思路，并和农业部国际合作司共同努力，积极推进浙江省青田县作为GIAHS项目示范点。经过近两年的紧张工作，联合国粮农组织终于同意将“浙江青田稻鱼共生系统”作为GIAHS项目申请的试验点和示范点，并于2005年6月在青田县举行了“GIAHS保护试点”的授牌仪式。

自此，中国的GIAHS事业（严格地说，应是中国的重要农业文化遗产保护事业）在青田县正式起步。

GIAHS初期，在渺茫的希望中坚持

2005—2008年，是GIAHS项目的准备时期，也是在中国推广农业文化遗产概念的初期。那是一个困难重重的阶段，希望很渺茫，但我们依然在坚持。

一是没有经验可资借鉴。自从20世纪80年代中期以后，随着中国加入《保护世界文化与自然遗产公约》和世界遗产的申请，人们对自然遗产、文化遗产开始了研究，但对于“活态”的农业文化遗产基本没有研究。国内没有一个农业类型的文化遗产（第一个农业类型的文化遗产是2013年申报成功的云南哈尼梯田），国外则不乏教训，作为世界文化遗产的菲律宾梯田曾因为各种原因在保护中出现了一些问题，而被联合国教科文组织亮出了“黄牌”。因为农业文化遗产是传统的农业生产系统，不能采取一般的文化遗产或自然遗产的保护方法。记得在青田县举行的研讨会上，当地官员询问是否有可资借鉴的成功经验时，来自联合国粮农组织的官员非常明确地回答“没有”。

二是听到更多的是质疑的声音。事实上一直到今天，围绕“农业文化遗产”及其定义是否准确仍存在争议。有人认为农业文化遗产属于农业历史，没有什么新意；有人认为农业文化遗产属于“落后的”传统农业，保护农业文化遗产与发展现代农业、提高农民生活水平相矛盾；甚至有的专家认为农业文化遗产属于文化的范畴，不是研究自然科学的科学院的专家该干的事。面对诸多质疑，

我们没有退缩。有争议，说明人们在关注。而对待争议最好的办法是避开争议，干好再说。

三是经费极为紧张。早期开展工作时，地方认同度还不高，联合国粮农组织没有多少经费支持，申请基金更是不可能。但我们认为这是一项有希望的事业，就到处化缘、到处游说，甚至借用别的经费来支持。应当特别感谢青田县在那个阶段的支持，协调进行有关基础调研，委托我们完成了有关规划。那点钱现在看起来很不起眼，但在当时可以说是“救命钱”。

四是人员极为缺乏。没有钱是很难找到人的，我们有的只是几位学生，而且大多数还是女生，经常出野外，去条件艰苦的山区。大家经历了许多的困难甚至是伤病：在浙江青田，一个学生的手被车门把手夹伤；在贵州从江，几个学生和一名专家出过车祸；因汽车抛锚而冒雨修车、因盘山路多而晕车呕吐、住在农民家中遭受蚊虫叮咬等情况，更是司空见惯。我们挺了过来，出色地完成了任务，我至今仍对那些同学心存愧疚和感激。我曾开玩笑说：“学生为了完成毕业论文，只好任由老师‘摆布’。”

当然，我们在困难中的努力也得到了人们的认可。联合国粮农组织有位专家曾经说：“别人做的是项目，你们做的是事业。”

GIAHS发展，有赖天时地利人和

2009年以后，GIAHS工作逐渐走出困境，并于2011年后迎来快速发展的“春天”。这有赖天时、地利、人和。

所谓“天时”，是我们在这期间遇到了千载难逢的机会。2010年，全国农业展览馆举办了“首届农民艺术节”，中科院地理资源所牵头负责了“全球重要农业文化遗产”相关展览内容，时任国务院副总理回良玉莅临参观；2011年秋，以“文化大发展、大繁荣”为主要议题的党的十七届六中全会的召开及有关文件的发布，更是为农业文化遗产送来了“一股春风”。农业部国际合作司的领导开始关注农业文化遗产这个项目的成绩，并开始给予实质性的支持；农产品加工局（2018年更名为农业农村部乡村产业发展司）决定启动“中国重要农业文化遗产”的发掘与保护工作，并委托我们编写标准和办法等规范性文件；2013年春天在农展馆举办的“中国农耕文化展”中，“全球重要农业文化遗产保护成果”成为展览中的一大亮点，受到有关领导和社会各界的关注。

所谓“地利”，是我们得到了来自地方的大力支持。越来越多的地方开始认识到农业文化遗产品牌的价值和保护的意义，特别是在促进包括休闲农业和乡村旅游在内的多功能农业发展中的作用。继浙江青田县之后，云南红河州、江西万年县、贵州从江县、内蒙古敖汉旗、云南普洱市、浙江绍兴市、河北张家口市宣化区、陕西佳县、福建福州市、江苏兴化市等，纷纷提出申请全球重要农业文化遗产，并先后被列入GIAHS名录。应当特别感谢这些地方的领导，他们的颇有远见的决策是农业文化遗产事业得到快速发展的重要力量。

所谓“人和”，是我们得到了各方面人士的大力支持。在推动GIAHS的过程中，必然需要借助各方面的力量。除了前面所提到的农业部、地方政府的支持和一批年轻学生积极参与外，还由于李院士博大的胸怀和人格魅力，GIAHS项目吸引了一批志同道合的科研人员积极参与，像著名生态学家骆世明教授、著名农史学家曹幸穗研究员等，多次参加我们组织的活动，并给予强有力的支持。另外，媒体的宣传也很重要，特别是来自《科技日报》《中国科学报》《光明日报》、*China Daily*、《农民日报》《中国国家地理》《中华遗产》《世界遗产》《世界环境》《生命世界》等报刊及中央电视台农业频道和科技频道、香港有线电视台等的记者和制片人，积极参与我们的有关活动，为提高公众对农业文化遗产的认识发挥了重要作用。

GIAHS 理念，助力农业与农村可持续发展

到今天，虽然GIAHS还远没有“世界遗产”那么引人注目，但GIAHS项目的实施为遗产地所带来的显著的经济、社会和生态效益已经明显地显现出来，并成为助推农业与农村发展的重要动力。

在浙江青田，龙现村这个原本名不见经传的小山村，因为有了GIAHS这个品牌，让人们对于稻田养鱼这一传承了1300多年的生态农业模式有了新的认识。在专家的指导下，当地村民遵循“在发掘中保护，在利用中传承”的原则，充分利用独特的生态与文化资源优势，积极发展多功能农业，探索农业提质增效、农民持续增收的新模式。

通过鱼苗孵化基地建设、生产合作社建立等农业经营方式的创新，以及田鱼干加工、休闲农业与乡村旅游发展等农业产业链的延长，实现了传统农耕文化保护与经济社会持续发展的统一。该村在授牌前几乎没有旅游的概念，目前

已经有农家乐5家，涌现出了像杨民康、吴丽贞一家那样的致富示范家庭。

又如，2011年，“贵州从江侗乡稻鱼鸭系统”成功入选全球重要农业文化遗产保护试点，为贵州从江这个国家级贫困县提供了新的经济增长点。内蒙古敖汉旗曾因其良好的生态环境于2002年荣获联合国环境规划署“全球环境500佳”称号，10年后的2012年，又因其8000年的粟黍种植历史和丰富的传统技术，以“内蒙古敖汉旱作农业系统”而成为全球重要农业文化遗产保护试点，这两个世界级品牌，为敖汉小米走向全国打下了基础。

GIAHS经验，走出国门走向世界

中国是一个农业大国和农业古国，农耕历史悠久，农耕文化丰富，有责任也有义务在国际农业文化遗产保护中发挥重要作用。经过10年的发展，中国在农业文化遗产申报与管理、科学研究与成果推广、政策融合与机制建设、学科发展与能力建设等各方面均走在了世界前列，并直接推动了联合国粮农组织的工作，辐射到越来越多的国家。按照农业部（2018年已更名为农业农村部）领导的话说，全球重要农业文化遗产已经成为我国农业国际合作的一项特色工作。

2011年，在联合国粮农组织驻华代表处和农业部国际合作司的支持下，中科院地理资源所成功承办了“第三届全球重要农业文化遗产国际论坛”，这也是第一次由试点国家承办的大型活动。在这次会上，李文华院士以其杰出的成就当选为GIAHS项目指导委员会主席。

在联合国粮农组织的历次会议上，中国政府代表团都力推全球重要农业文化遗产保护工作，为联合国粮农组织将其纳入常规预算作出了重要贡献。也是在中国农业部的力推下，2014年在北京召开的亚太经合组织（APEC）第三届农业与粮食部长会议上所发表的《亚太经合组织粮食安全北京宣言》中强调“加大各经济体农业文化遗产的保护力度，支持联合国粮农组织在全球重要农业文化遗产方面所作的努力”。

2014年和2015年，农业部和联合国粮农组织合作，利用“南南合作”基金举办了两期“全球重要农业文化遗产高级别培训班”，共有来自30多个国家近60人次的代表参加了培训。这一开创性的活动，对于提升更多国家的农业文化遗产保护意识、促进其全球重要农业文化遗产申报工作产生了极为重要的影响。

此外，通过中欧、中韩等农业合作平台和东亚地区农业文化遗产研究会

（ERAHS）及其他国际研讨会等学术交流平台，中国的农业文化遗产保护经验正不断影响着世界。

GIAHS事业，只有起点没有终点

客观地说，在2005年刚介入这项工作的时候，我们只有一个想法，就是如何把这件事情做好，根本没有想到能取得今天这样的成果。记得2009年春天在北京召开项目正式启动会的时候，我汇报了我们设定的5年发展目标：一是能够把青田打造成为一个具有世界影响力的农业文化遗产保护与发展示范点；二是积极推动其他地方的申报工作，力争使中国的全球重要农业文化遗产地达到10个；三是推动国家对农业文化遗产的重视，启动中国重要农业文化遗产保护并至少认定20个。今天看来，这些目标都已经实现了。

2014年，作为GEF项目的“GIAHS保护与适应性管理”结束了。但，结束往往意味着新的开始。看看这一年多的工作，就不难发现，作为联合国粮农组织推进的全球重要农业文化遗产工作进入了一个新的阶段，我国的重要农业文化遗产发掘与保护同样也进入了一个新的阶段。

2015年6月，在联合国粮农组织大会上，在中国等国家政府的极力推动下，GIAHS工作被纳入常规预算进行支持，而我国则走在了前面。

2014年1月和3月，由不同领域的专家组成的农业部第一届全球/中国重要农业文化遗产专家委员会正式成立，部领导亲自出席并向专家委员会成员颁发聘书；4月，陕西佳县古枣园、福建福州茉莉花与茶文化系统、江苏兴化垛田传统农业系统被列入GIAHS名录，第一届东亚地区农业文化遗产学术研讨会、第一届全球重要农业文化遗产（中国）工作交流会先后在江苏兴化召开；6月，农业部发布了第二批中国重要农业文化遗产，并启动了第三批申报工作；9月，农业部和联合国粮农组织联合成功举办了“第一届GIAHS高级别培训班”，APEC第三届农业与粮食部长会议关注农业文化遗产工作；10月，青田农民金岳品因其在农业文化遗产保护中的突出成就荣获“亚洲模范农民”称号，中国国际农产品交易会设置“GIAHS展厅”引起有关领导的关注；11月，中国农学会农业文化遗产分会成立并举行第一次学术研讨会。

2015年3月，第二届全球重要农业文化遗产（中国）工作交流会在福州召开；5—10月，农业文化遗产保护成果在米兰世博会中国馆展示，汪洋副总理出席中国馆日并为来自农业文化遗产地的精彩表演“点赞”；6月，第二届东亚地区农业文化遗产学术研讨会在日本佐渡岛召开；7月，农业部常务会正式通过《重要农业文化遗产管理办法》并于8月正式发布；国务院办公厅以国办发〔2015〕59号形式发布的《关于加快转变农业发展方式的意见》中强调“加强重要农业文化遗产发掘和保护”。

回顾GIAHS十年，欣慰而自豪

GIAHS工作成绩是大家共同努力的结果，联合国粮农组织及GIAHS秘书处、国家层面的主管部门、各地方管理者、遗产地农民、有关领域的专家，还有我们这个小但精干的团队等各方鼎力支持与通力配合，一起投身重要农业文化遗产这一全新的事业之中，这是中国GIAHS事业能够发展到今天大好局面的根本原因，也将是未来中国GIAHS事业蓬勃发展的不竭动力。

陪伴中国GIAHS走过了10年，作为这项工作的见证者和亲历者，回顾来路，五味杂陈，感触颇深。从缺钱、缺人、缺少理解的初创时期一步一步走到今天，我们把一个农业文化遗产项目做成了一个国家部门的工作，既是一件很艰难的事情，也是一件令人欣慰和自豪的事情。

我参与过很多项目，可以说这个项目是持续时间最长的，不能说成功，但至少可以说已有了一个良好的开端。我也因此获得了一些荣誉，比如，2013年被联合国粮农组织授予“全球重要农业文化遗产特别贡献奖”、被中央电视台评为“大地之子——农业科技人物”，2014年被中国科学技术协会授予“全国优秀科技工作者”称号等。其实我很明白，我受之有愧，因为这是集体的荣誉。不过，作为个人，我还是为过去10年的付出感到自豪，因为我“做了一点事情，走了很多地方，结交了一帮朋友”。

[作者现任农业农村部全球重要农业文化遗产专家委员会主任委员、中国农学会农业文化遗产分会主任委员、中国科学院地理科学与资源研究所研究员。本篇原刊于《世界遗产》，2015（10）：32-36]

PART 2

第二部分

青田人的访谈与回忆

事情发生得很偶然
——王建伟访谈实录

采访时间： 2024年7月16日

采访地点： 浙江省丽水市青田县龙现村

采 访 人： 万　琪　李静怡

受访人： 王建伟（图中左一），申遗时任浙江省农业厅科教处副处长，1998年8月—2001年4月在青田县人民政府挂职科技副县长，退休前为浙江省农业农村厅直属机关委员会二级巡视员。（万琪/提供）

万　琪：您当时最早接触农业文化遗产是什么时候？是什么人或什么样的机会让您接触到了农业文化遗产？

王建伟：2003年，我代表浙江省农业厅（现浙江省农业农村厅）前往农业部全国农业技术推广中心参加会议，会议名称是“全国农技体系推广现状与对策研究”，会议地点在农业农村部北办公区（麦子店街）。会议进行到晚上6点多吃饭的时候，农技推广中心的副主任李立秋介绍我和全国农技体系建设方面调研课题组负责人胡瑞法老师认识。在交谈过程中，胡老师问我浙江省稻田养鱼有没有以一个村为单位的，我就问胡老师是要开展什么工作吗？胡老师说联合国粮农组织联合其他机构想开展农业文化遗产保护的相关工作，在中国开展的课题是稻田养鱼。

凭借我在青田县的工作经历，我立刻想到青田县稻鱼共生系统非常符合胡老师说的情况。因此，我向胡老师简单介绍了青田县稻鱼共生的情况。胡老师听完后，看了看表，差不多是8点左右。他让我必须在当晚10点前把青田县的资料发给他，他要在当晚12点前上报，时间非常紧促。我立即打电话给当时的青田县农业局副局长张利勇，让他把青田县龙现村的资料整理后发给我。鉴于我本人以及青田县都一直非常关注稻鱼共生系统的情况，并做好了相应工作，所以资料才能在当天晚上10点前交给胡老师。

万　琪：在介入农业文化遗产事业后，您都做了哪些事？

王建伟：我主要起到联系人、牵线人以及纽带的作用。青田稻鱼共生系统的申报一开始是我从胡老师那里得知的，如果我当时没有去参加农业部的会议，也不会认识胡老师，就不会有后续的申报。如果我没有在青田县的工作经历，如果没有任职期间对稻鱼共生系统的关注，青田县的申报材料可能也无法在当晚10点前提交给胡老师。

万　琪：在这个过程中，有哪些事情让您记忆深刻、难以忘怀？

王建伟：让我最难忘的是青田稻鱼共生系统的资料提交的那晚，时间非常紧促。胡老师要求我晚上10点前必须要交给他，他12点前必须要上报，这两个时间节点让我非常难忘。

万　琪：您什么时候离开这项工作的？

王建伟：青田稻鱼共生系统申遗的后续工作我基本没怎么参与，我主要是在一开始时起到了牵线人的作用。2005年青田授牌仪式的时候，我帮助协调了，联系了参会人员等。

万　琪：您怎么认识农业文化遗产工作？对未来的农业文化遗产工作有什么建议？

王建伟：随着工业化和城镇化的加速推进，一些优秀的传统的东西面临不同程度的传承困境，政府必须要重点关注，不能让优秀的传统的东西失去传承和生命力。不是为了去拿什么荣誉，而是为了传承。政府应该梳理一下当地有哪些优秀的传统农耕文明等，列出一个清单，并且需要提出规划，说明哪些需要保护、怎样保护。另外，保护的基础条件是资金和人，做好传承的相关工作要做到有钱来传承、有人来传承、有地方来传承。

天上掉下个馅饼，我们接住了
——钟秋毫访谈实录

采访时间： 2024年7月16日

采访地点： 浙江省丽水市青田县龙现村

采 访 人： 郭　旋　李宇薇

受访人： 钟秋毫（图中居中），申遗时任青田县人民政府副县长，退休前为青田县政协副主席。（郭旋/提供）

郭　旋：您最早接触农业文化遗产是什么时候？

钟秋毫：是在我们开始申报的时候，具体什么月份我记不清楚了，我们申请下来是2005年，申报了1～2年时间，那最早应该是2003年开始的。

郭　旋：是什么样的机会，让您接触到这个农业文化遗产？

钟秋毫：当时，对农业文化遗产我们听都没有听过。一方面，只知道有一个自然与文化遗产，比如黄山，我们中国不多，就几个。农业系统搞这个我们听也没听说过。另一方面，这个是真是假，我们也比较迷糊，不知道这件事情会不会成功，成功了最好，不成功也没关系，我们就提供一些资料。我们青田稻田养鱼历史很长，资料我们都有，找资料很方便。

我们得到这个信息，也是很偶然的。原来我们省农业厅的王建伟从北京的胡瑞法教授那里得知联合国粮农组织在做农业文化遗产的事情。他说时间很紧，问我们能不能短期内把资料提供过去，他们就去申报。我们听到这个消息，决定要参加。是天上掉下的一个馅饼，让我们给接了。就是这么回事儿，很巧合的一个机会。但是机会是给有准备的人的。如果平常没有准备，对稻田养鱼的事情不重视，那你也没有这个意识，也抓不住这个机会。我们的稻田养鱼历史上有，现在也有，质量也有，所以早就有所准备了。

郭　旋：在您开始做农业文化遗产这个事业之后，又做了哪些其他的工作？

钟秋毫：我们是第一批，在全世界都是第一批。那我们怎样才能在现代化的情况下，把传统的稻田养鱼实实在在地保护下去，这个是最难的。我理解这是最核心的，其他都是要围绕这个来做。那具体怎么做？我们都在动脑子，专家们也给了一些建议，总的思路是要跳出农业做农业。单靠农业，农民还是没有积极性。这一代农民还在种是因为有感情，下一代可能就不会种了。那么靠什么呢？要靠效益来吸引他们。

我们的稻田养鱼最起码能够为农民提供基本生活，我的理解是要保证农民有更好的收益。如果只有社会效益、生态效益，但不考虑农民的个人利益是不行的，不考虑这个是不能持久保护的。所以我当时就想，我们一定要跳出农业来做，通过提高它的附加值，通过发展第三产业、发展旅游业，提高它的品牌价值，提高它的生态价值。怎么把生态价值体现出来？怎么来弥补农民收入的不足？这是我们都还在探索的事。

郭　旋：有没有什么让您印象比较深刻的事情？或者说咱们做了哪些努力？

钟秋毫：一晃20年过去了，很长期时间我们都在“怎样提高品牌价值”这个方向努力。第一，做好品牌宣传。比如我们的生态米，普通的售价每斤[①]2元，通过品牌宣传，可以卖到每斤10元左右，这样它的生态价值就体现出来了。第二，我们采取了一些力所能及的措施给农民补贴，种稻的要补贴，养鱼的也要补贴。第三，我们在努力提高规模效益。一亩三分地规模不够，就想办法尽量流转起来，提高稻田养鱼的规模效益。第四，就是想办法把旅游业搞起来，做好稻鱼文化的挖掘和宣传，再把这个文化价值体现到产品中。这些事情我们都一步步在做。

现在回过头来看，这个方向是没错的，但是任务还很艰巨，特别是我们这

① 斤为非法定计量单位，1斤=500克。——编者注

个地方是华侨之乡，外出人员较多。再过20年能不能传下去都很难说。但是这也给了我们机会，人少是坏事，但我们要把它变成好事，它给我们提供了发展规模的机会，有机会实现规模效益。办法都是人想出来的，只要我们重视起来，总会发展下去的。

郭　旋：那这20年来有没有什么人、什么事情让您印象深刻？

钟秋毫：以闵老师为代表的一批人很重要。最初做这件事情时我们国内连对口单位都没有。养鱼是水利部门管，田是农业部门管，稻田养鱼我们没有对口的单位。闵教授他们很热情，看到申报农业文化遗产里面有很大的科学价值、生态价值，就一直坚持做下去了。从以闵教授为代表的专家团队中，我们可以看出我们中国科学家的精神。现在我们国家已经有几十个农业文化遗产得到联合国粮农组织认定，如果没有他们的开拓精神，能搞出什么结果也不知道。我们都要有长远眼光，有责任把它做下去。

闵老师跟我们青田很有缘分，他把这个事业搞得这么红火，这种精神对我影响很大。包括你们这些学生，他带了一批又一批学生过来做研究，你们是第几代了我都不知道。我们中国是个农业文化很丰富的国家，是一个农业大国，所以农业文化遗产方面的工作很值得我们去做，也很有意义。

郭　旋：那您是大概什么时候退休的？

钟秋毫：我已经退休两年了，后来调到县人大、政协工作，但我一直在关注农业文化遗产的事情。我们拿到全球重要农业文化遗产的授牌，那是联合国的授牌，世界级的，是用钱买不来的，这个机会也是可遇不可求的。也感谢你们中科院，是你们给了我们一个信息，给了我们这么一个机会，所以要感谢你们这批人，我们很感谢你们。

机会是给有准备的人准备的
——张利勇访谈实录

采访时间： 2024年7月17日、19日

采访地点： 浙江省丽水市青田县城、龙现村

采 访 人： 梅 艳

受访人： 张利勇（图中左一），申遗时任青田县农业局副局长，退休前任青田县应急管理局党委书记、局长。（赵立军/提供 从左至右为张利勇、胡瑞法、赵立军、梁洛辉、王建伟、王旭海）

梅 艳：听说您参与了青田稻鱼共生系统申报的整个过程，能给我们讲一讲吗？

张利勇：2002年，联合国大学项目官员梁洛辉先生，知道了联合国粮农组织在做全球重要农业文化遗产的消息，就把这个信息传回了国内，告诉了中国科学院的胡瑞法教授，请胡教授做好中国的农业文化遗产申报工作。我们省农业厅原来在青田县挂职副县长的王建伟处长，在和胡教授一起参加会议并用晚餐的时候，得知了他想选稻鱼共生系统去进行全球重要农业文化遗产的申报，而且是首批全球重要农业文化遗产的申报。他们在餐桌上交流以后，当天晚上8点左右就打电话给我了，说青田县具有这方面的条件（胡老师当初曾试选了贵州省和江苏省的两个点），要努力争取，要求我们准备一份图文并茂的几百字的材料，当天夜里10点前必须要给他。我当时是农业局副局长，由于吴胜军局长被抽调到滩坑水电站做移民工作，局里一般工作由我主持负责。我当天夜里

马上召集信息中心人员整理编辑好资料后，就传给胡教授了。

在两年申报全球重要农业文化遗产的过程中，我们可以说是“三点一线”。第一点是梁洛辉先生，他是联合国大学的项目官员，在日本东京，国际申报方面的工作由他负责；第二点是北京的胡瑞法教授，负责材料整理并发送给梁先生；第三点就是我这里，负责材料收集和初步整理。这三点串联起来才完成了申报。这三点连在一起成了农业文化遗产申报的“线路”。而且我们农业局分管领导钟秋毫副县长对申报工作也是重视和鼓励的，特别是王建伟处长，当时他已经回到省农业厅任处长了，从省级层面把我们县级层面和国家层面联系到了一起。

当时世界文化遗产已经做得很成熟了，农业文化遗产才刚刚起步，没有做过，虽然有种说法是“全球重要农业文化遗产在概念上等同于世界文化遗产”，但国内各方面可以说是“雾里看花”。我们开始就是把它当作一个项目来申报的，觉得肯定是件好事，申报下来对我们这里肯定有很大好处。至于政府支持和社会认同方面，其实当时心里是没数的，也很矛盾。我当时既是代表单位也是代表个人，带着双重身份去进行申报的。

我们在申报过程中也有担心，主要是考虑可能会牵涉项目落地实施和经费问题，牵涉将来项目获批后领导接受不接受的问题。但胡教授认为这个项目很好，机不可失，就先以个人名义申请了，当时并没有想好申请下来要落到哪个单位执行。所以当联合国粮农组织反馈要求有申报单位的时候，胡教授也很头疼。后来他找到李文华院士，李院士很乐意接收，让闵庆文教授对接，这才落了地。因为当时这个项目没有经过上级农业部门，由我们县农业局直接申报了，所以申报基本成功的消息出来以后，农业部、浙江省农业厅对于涉及国际的项目都不是很清楚。后来我们到省农业厅汇报，王建伟处长亲自“穿针引线”，走了很多手续，并报到农业部，终于把工作做通了。之后我代表青田县申请具体落地的协议。一旦落地，后续还有一系列要考虑的问题，包括我们要出台保护方案，到哪里申请经费，青田怎样投入，等等，这个过程非常烦恼，喜忧参半。

大概就是这样一个申报过程，很高兴但也很曲折，确实印象深刻。

梅　艳：申报过程中还有什么难忘的故事吗？

张利勇：当时项目要落到县里，我必须跟县领导汇报。我记得2004年3月，我出差刚到杭州，11点半时接到胡瑞法教授电话，说项目申报成功了，需要于

6月上中旬在杭州和青田分别召开国际级的农业文化遗产会议并举行授牌仪式。这件事情需要向当时的县委书记卢春中汇报。汇报的那天夜里我非常紧张，晚上11点45分时给卢书记打了个电话，他没接，12点再次打过去也没接，12点15分左右卢书记给我回了电话，说你深夜打电话肯定有很急的事找我吧。我就跟他汇报了这件事情。他听了之后说，好的，你提的方案、经费和地点的问题，我交代县委办公室，你跟县委办公室副主任杨广对接好，再向县其他领导汇报。汇报完后，我的心才定下来，马上开始后面的对接工作。胡瑞法教授、闵庆文教授也都到青田来了，我们就前期准备工作作了充分沟通。

授牌仪式和一系列会议活动是在2005年6月举行的。其实在当年4月，县委已经决定把我调到北山镇当镇长，去做水电站移民工作。后来县里又专门决定让我留在农业局把这个会议搞好，6月底再到新任的单位去工作。

我们赢在了快速响应上

——王旭海访谈实录

采访时间： 2024年7月16日

采访地点： 浙江省丽水市青田县龙现村

采 访 人： 梅　艳　陈　喆

受访人： 王旭海（图中右一），申遗时任青田县农业局副局长，退休前为青田县农业农村局一级主任科员。（闵庆文/提供　从左至右为吴敏芳、闵庆文、王旭海）

梅　艳：您最早接触农业文化遗产是什么时候？是什么人或者什么样的机会让您接触到了农业文化遗产？

王旭海：大学毕业后我一直在青田县农业农村局工作，2004年的时候参与到青田农业文化遗产申报工作中来。当时胡瑞法老师和县里沟通，要补充一些材料，我正好分管稻田养鱼生产这一块，所以就参与到申报材料的完善提升工作中来了。

梅　艳：接触农业文化遗产之后，您有哪些体会？

王旭海：应该说，有几点比较深的体会。第一，我们县委、县政府对这件事情非常重视。虽然那个时候大家还不知道农业文化遗产到底是什么，不像现在有这么浓厚的氛围，但是我们感觉这是件大事情。当时分管农业的钟秋毫副县长也是学农业的，看问题有前瞻性，认为农业文化遗产保护这件事意义重大，将来影响力可能也会很大，这是一件大事情，要抓住机会。农业局也非常重视，立即着手准备工作。我们对这件事还是非常敏感的。当初闵老师也表扬过我们，说我们的反应是比较快的。

我记得最后评审结果出来后，农业部发给省农业厅的函的落款时间是4月22日。函的大意是：青田县稻鱼共生系统已得到联合国粮农组织批准，列入全球重要农业文化遗产保护的首批项目。我们县里收到函时已经是4月底了。县里收到通知后，及时与中国科学院、农业部、省农业厅对接，汇报、沟通、商量如何举办启动仪式，提高知名度，推进项目顺利实施。最后决定于2005年6月9—11日在杭州市召开项目启动研讨会、在青田县举行授牌仪式，并在方山乡龙现村举行揭碑仪式。

会议由联合国粮农组织、农业部、中国科学院主办，由浙江省农业厅、青田县政府承办。从收到通知到举办活动，前后不到1个半月的时间。当时通信和交通不像现在这样方便，再加上我们要在两三天时间内在杭州市、青田县和龙现村三个地方举办系列活动，应该说是不容易的。但县委、县政府非常重视这件事情，我们的行动速度还是比较快的。

2005年，青田县正在建滩坑水电站，这是浙江省重点工程，当时我们县机关、乡镇很多干部都投入到那里去了。青田县农业局和方山乡在人员非常紧张的情况下，还是非常重视农业文化遗产申报工作，既然确定下来要举办一系列活动，并明确了时间，就着手快速推进后面的工作。现在回想起来，我们抓得还是比较紧的。当时跟中科院胡瑞法老师、联合国大学梁洛辉老师、省农业厅王建伟处长等相关专家、领导通过电话对接比较多，在这里表示衷心感谢。

第二，我们付诸行动迅速。我们很快就举办了系列活动，农业部、中科院、农业厅给予大力支持，确定了参会领导和专家，会上时任浙江省副省长茅临生、中科院副院长李家洋分别发来贺信，联合国粮农组织驻中国、朝鲜、蒙古国代表莫纳先生和农业部总经济师朱秀岩分别致辞。农业部和中科院的很多专家参加了会议，我记得有李文华院士，有北京林业大学的关君蔚院士，还有南京农业大学、浙江大学的相关专家。在杭州开了一天半的会之后，6月10日下午参会人员赶到青田，晚上在青田县城举行授牌仪式，由莫纳先生给我们现场授牌，同时进行了鱼灯舞表演。11日早上，参会人员又到方山乡龙现村，举行揭碑仪式。那块碑是我们提前竖起来的，大概花了40天时间提前做出来的。莫纳先生致辞，并对稻田养鱼保护区和村庄进行考察。为了活动顺利进行，我们局里做了大量工作。

第三，青田县能争取到首批农业文化遗产保护项目，除了有胡瑞法老师、王建伟处长等的关心支持外，最关键的是因为有产业基础。稻田养鱼一直是青田县的一项主导产业，我们从20世纪80年代开始就很重视发展稻田养鱼产业。1983年，浙江省水产局就在青田县小舟山乡召开了全省稻田养鱼现场会，说明那时青田稻田养鱼在浙江省就相当有知名度了，龙现村在申报前就有“田鱼村”的美誉。我们也因此在申报过程中能及时提供完整的资料。我们有一批示范户，启动会上代表当地农户发言的伍丽贞就用自己的亲身经历说明了稻田养鱼带来的好处。

第四，龙现村能保持传统的稻田养鱼方式，跟当地华侨有关。过去因为人多地少，青田县大量村民出国，龙现村可以说是一个“联合国村”，家家户户有华侨。随着不断有村民出国创业，当地居民的主要收入来源变成了华侨寄回来的外汇，因此他们并没有把稻田养鱼作为致富的手段来抓，不需要追求很高的养殖产量来增加收入。他们是把稻田养鱼作为一种休闲养老产业来经营的，田鱼干也成为华侨寄托乡愁的一种产品，他们追求的是品质，而不是产量。如果追求产量的话，这种传统的养鱼方式就满足不了生产需求了，农民就会采用更现代的养殖方式。

第五，稻田养鱼需要良好的生态环境。一是龙现村生态保护得非常好，它周边的生物多样性符合联合国粮农组织生物多样性保护的要求，现在看还是符合要求的；二是灌溉水源要有保证，水质要好，能做到活水养鱼；三是保留了传统的种植与养殖技术，传统的水稻品种在这里，传统种养方式也在这里，这点非常关键；四是能为当地农民提供食物和生计，这也符合联合国粮农组织的评选标准；第五就是有人文历史景观、自然景观等。

梅 艳：在加入农业文化遗产事业后，您都做了哪些事？有哪些事情让您记忆深刻，难以忘怀？

王旭海：第一件事就是前面说的，在杭州举办启动会、在青田举行授牌仪式、在方山乡龙现村举行揭碑仪式等主要活动。

第二件事就是我们后来跟闵庆文老师讨论农业文化遗产保护规划怎么做的事情。农业文化遗产不同于自然与文化遗产，不同于非物质文化遗产，它是一种动态的保护，必须保留在这里，生产活动也要在这里，因此需要鼓励当地村民持续地参与到遗产保护工作里，并在保护过程中使村民增加收益，并将其传承下去。这样的遗产怎么去保护？没有现成的经验。当时我们就考虑邀请有关专家来讨论怎么做好这个规划，明确保护规划的方向、保护的内容，这点很关键。

2005年11月，青田县政府跟中科院地理资源所闵老师团队一起在杭州召开了一个有关规划的讨论会，商讨怎么做这个规划。当时还特别邀请了一批生态学专家、农业史专家，他们分别来自中科院地理资源所、浙江大学、南京农业大学、华南农业大学，还邀请了一批世界文化遗产地从事遗产保护规划的专家，一起来讨论我们这个规划怎么做，从哪些方面去制定，保护范围、保护目标是什么，等等。因为当时农业文化遗产领域的专家比较少，所以我们也邀请了其他领域从事遗产保护方面的专家来参加会议，请他们就农业文化遗产规划要怎么做提出意见和建议。会议之后，考虑到这个规划实施起来可能会有一定难度，所以钟县长就决定，由中科院地理资源所团队和浙江大学团队分别去做初步规划。

初步规划做出来以后，我们于2006年召开了评审会，邀请省发改委、省农业厅和县有关专业部门对这两个初步规划提出意见和建议，最后决定委托闵老师团队综合两个规划内容，将其合并编制为一个规划。闵老师非常认真，对合并后编制出的规划感觉不满意，所以我们于2006年7月28—31日又在青田县召开了一个多方参与的研讨会。会议由联合国粮农组织、农业部国际合作司主办，中科院地理资源所自然与文化遗产研究中心、青田县政府承办，来自瓦赫宁根大学、联合国大学、华南农业大学等单位的专家参加会议，围绕全球重要农业文化遗产的重要性、保护途径、多方参与机制、政策框架设计等进行充分研讨。闵老师团队根据专家意见进一步修改以后，县政府才组织评审。这是青田稻鱼共生系统第一个10年保护规划，也是全球第一个农业文化遗产的规划。

规划制定以后，我们根据规划采取相应的保护措施。比如之前有好多田埂硬化掉了，对生态环境、生物多样性可能会有一定的影响。我们出台政策不再鼓励田埂硬化，要维持传统的养殖方式；还有对鱼种的传统繁育方式也进行了调查摸底。

第三件事就是，农业文化遗产保护工作采取政府与科研单位合作，依托专家去宣传和呼吁对农业文化遗产保护的方式，提高了整个社会对农业文化遗产的关注，才形成了现在这种申报热情高、多方参与保护的社会氛围，这一点也非常关键。这个项目刚申报下来时，社会上反响程度是非常低的，除了专家层面非常关心，社会层面、领导层面都不是很了解。但是通过政府和科研单位两方面的合作、宣传，现在农业文化遗产得到了全社会的重视。所以我认为，因为中科院地理资源所闵老师团队一直以来做了大量的工作，才有了现在农业文化遗产的发展盛况。我们和浙江大学、上海海洋大学、中国水稻所的专家也都有合作。比如，浙江大学陈欣教授团队。陈教授在2005年知道青田稻鱼共生系统获评全球重要农业文化遗产这个消息以后就来做相关研究，至今已经做了20年，现在还在继续做。陈教授团队2005年冬季就过来选试验田块，当时就是我把她带过来选田块的。正因为有这些科研专家去宣传农业文化遗产，才有了现在这样的氛围。我一直认为，如果只靠我们县级政府单位不可能有这样的成效，更需要与科研院所、高校合作，特别需要专家的不断呼吁，才能营造出现在良好的氛围。

梅　艳：从您的角度怎么去理解农业文化遗产对当地带来的影响？

王旭海：2005年有记者采访时，问这种传统种养方式的产量水平不是很高，效益也不是很好，会不会将来没人去做稻田养鱼了？当时我就回答他们说，现在是千家万户一户一养，将来要向着适度规模经营方向发展，可能会有一批华侨或外出务工人员回来从事稻田养鱼产业。现在应该说已经实现了，有很多华侨回来了，龙现村几任村长、村党支部书记都是从国外回来的。2022年，在全球重要农业文化遗产大会上发言的徐冠洪也是华侨，现在已成为“大国农匠”。华侨或外出务工人员回来从事稻田养鱼产业已在全县形成了一定规模。而且现在，稻田养鱼的知名度提高了，它的价值和效益也提升了。2005年时，田鱼大概是每斤10元左右，现在每斤已经涨到70 ~ 80元了。通过品牌宣传、氛围营造，稻田养鱼的价值提升肯定是有前景的。

另一方面，中国是农业大国，青田县作为第一个全球重要农业文化遗产地，不管怎样，都要把它作为一项政治任务去做好，我们也有信心把遗产保护好。而且通过专家研究，这当中确实有很多值得我们学习的科学原理。比如，稻鱼共生系统符合我们现在的生态循环理念，符合环境友好型社会的建设要求。所以我们有责任、有义务把这个遗产保护好，必要的时候建议政府出台一些保护机制。

我2007年离开县农业局，2017年又回到农业局。时隔10年，我发现稻鱼共生系统核心保护区的面积有所下降，就马上向领导汇报，建议出台补偿机制，确保核心保护区面积不能减少，要把它保护好。2018年，我们出台了补助机制，当时一共394亩[①]，每亩补500元。通过这几年发展，尤其是“稻鱼共生”品牌的发展，整个青田县的农产品品牌影响力也都得到了提升。

梅　艳：听说您还参与了青田稻鱼共生系统博物馆的设计？

王旭海：也不算设计。2021年12月，我们得知2022年要在青田县召开全球重要农业文化遗产大会，县里成立专班，我参与进来了。那个时候我们博物馆的外形已经搭建好，里面还没有布展，当时我在专班业务组，就协助布展单位做了博物馆3个厅布展材料的收集、文字材料的整理等工作。我们根据历史资料逐步梳理出3个厅的布展文字和图片：第一个厅是农业文化遗产名录厅，第二个厅是瓯江淡水鱼厅，第三个厅是稻鱼共生系统厅。

① 亩为非法定计量单位，1亩 = 1/15公顷。——编者注

有机会就不放过
——孙永夫访谈实录

采访时间： 2024年7月16日

采访地点： 浙江省丽水市青田县龙现村

采 访 人： 郭　旋　李宇薇

受访人： 孙永夫（图中居中），申遗时任青田县方山乡乡长，现任青田县农业农村局二级调研员。（郭旋/提供）

郭　旋：您最早接触农业文化遗产是什么时候？

孙永夫：应该是2003年，具体是几月，我忘记了。

郭　旋：是一个什么样的契机，或者什么样的人让您接触到农业文化遗产？

孙永夫：当时我们是在基层。我们县农业局一位副局长跟我们说，省农业厅的王建伟处长到北京开会时，得到要申报世界农业文化遗产的消息。王建伟当过青田县科技副县长，对我们青田很熟悉，后来他不知道是从胡教授还是哪个教授那里得到这个消息，然后就直接通知了县农业局。农业局的人来跟我们商量，叫我们把这个材料抓紧时间报上去，最多一个星期之内我们必须把材料准备好。我们一开始，感觉这件事情有点太高大上了，这个世界农业文化遗产，听着太高大上。

郭　旋：您之前有没有听说过农业文化遗产？

孙永夫：没有，因为当时还是首批，之前没有听说过这个事情。所以说，当时我们对这个东西能不能申报下来也持一种怀疑的态度。当时我们县里的工作是很忙的，我们在搞水电站，需要移民好几万人，整个县里把所有精力都放在水电站的事情上。包括我这个乡里，大多数班子成员被抽到那里去了，留了不到10个人在办公。时间那么紧，人手也不够，这件事情要怎么做？要不要做？这些问题都需要商量。我就把留在机关办公的几个人召集起来，开个会。我说，既然有这么一次机会，那么我们还是要好好准备，不管能不能申请下来，还是要先把材料准备好。我们首先把这个确定下来，一定要做，也就是说要申报。确定下来以后，我们就开始着手准备材料。我们当时也是结合整个方山乡的特点，围绕三个方面来准备这份材料。

方山乡有三个特点：一是华侨文化，二是田鱼文化，三是旅游文化。我们所有的申报材料主要也是围绕这三个特点准备的。关于华侨文化，我们龙现村家家户户都有华侨，俗称“联合国村”。这个村子也不大，几百号人分布在20多个国家和地区，大多数人在欧洲。我们乡里的一些基础设施也是华侨无偿捐赠修建的。

关于田鱼文化。我们有1300多年的历史，只要有水就有鱼，而且房前屋后都有。还有几句话是这样说的：家家有华侨，户户养田鱼，四季无蚊子，耕牛不要绳。华侨们都有田鱼情结，每年都会把田鱼产品带到欧洲去，味道很好的。

关于旅游文化。在申报农业文化遗产之前，我们这个村就被农业部授予了“中国田鱼村”的称号。当时的全国政协副主席费孝通为我们题了“中国田鱼村”这几个字。而且我们这个地方的旅游资源不错，整个村庄的环境还是比较优美的。在龙现村，有龙现十八潭；后面有齐云山，还有我们华侨的老故居。这里整个环境都是比较好的。

之后，我们利用不到一个星期的时间，就把材料准备好了。今天回过头来一想，我们的材料准备得还是很完善的。如果说当时我们敷衍地去做，农业文化遗产这件事肯定就申请不下来了。所以现在回想起来，还是很感慨的。

郭　旋：那在申请成功之后，您又做了哪些项目或者是工作呢？

孙永夫：我后来也不是一直在这里了。农业文化遗产申报成功以后，我们乡里的精力基本上就放在这个村的发展上了。这个是重点，如果发展不好，之前的工作就白做了，因为它的关注度是越来越高了。当时全球重要农业文化遗产申请下来以后，只要有客人来，都要到这里来看看，品尝一下田鱼的味道。所以，怎么把这个村庄的环境质量提升起来，怎么把一些基础设施水平提升起来（包括水泥路的拓宽、环境卫生的整治、一些基础硬件设施的配套等），怎么对一些古建筑等有价值的东西进行保护，等等，都是需要认真落实的工作。

郭　旋：我们这个遗产申请下来之后，有没有给农民一些补贴，让他们继续种田，或者说我们这里的遗产面积有没有变化？

孙永夫：核心区就是这一块，但是我们现在青田田鱼的养殖面积大概有十万多亩了。后来的一些具体情况，我就不是很清楚了。说到收益的话，核心区的农民也是得到了很多好处的。那些农家乐开起来后，客人们过来消费，菜呀鱼呀什么的在自己家里就都消耗掉了。

郭　旋：这20年来有没有什么事情或者什么人让您印象比较深刻？

孙永夫：闵老师是对青田县农业文化遗产保护工作贡献最大的。他一年要来好几趟，他在外面提得最多的就是青田。

最自豪的是能为申遗做点贡献
——王志聪访谈实录

采访时间： 2024年7月23日

采访地点： 浙江省丽水市青田县人民政府

采 访 人： 李静怡　李宇薇

受访人：王志聪（图中左一），申遗时任青田县方山乡党委委员、宣传委员，龙现村驻村指导员，现任浙江省青田县文化和广电旅游体育局党组成员、副局长。（李静怡/提供）

李静怡：您最早接触农业文化遗产是什么时候？是什么样的机会让您接触到农业文化遗产的？

王志聪：2003年，我接到县里和乡里将要申报全球重要农业文化遗产的通知，要求在一周左右完成申报材料的收集、整理和编写。当时，我正在龙现村担任驻村指导员，并在方山乡负责宣传方面的相关工作，对整个乡和龙现村的情况比较熟悉，所以比较顺利地完成了相关工作。当时，申报材料的准备工作均由我一个人完成。其中，申报的照片一部分来自当时已有的资料，一部分是我自己实地调研期间拍摄的。在准备申报材料期间，我重点走访了龙现村，采访了一些老农民，了解了当地的传统习俗、养鱼历史等情况，为申报资料积累了素材。

龙现村在1999年被农业部授予“中国田鱼村”的称号。此后，随着龙现村知名度的提高，村里的游客也越来越多。为解决游客的吃饭问题，同时利用当地良好的生态环境发展旅游。在我的建议下，当时的村干部一起出资租下了一位华侨的房子，成立了第一家农家乐，持续开了两年左右。再后来，为了改善游客的就餐环境，在乡政府的指导下，村干部们集资开办了第二家农家乐，参与的人员包括吴伯彬等，这些工作也为龙现村成为遗产核心村奠定了基础。

李静怡：在介入农业文化遗产事业后，您都做了哪些事情？

王志聪：全球重要农业文化遗产申报成功之后，我继续参与了龙现村的一些工作。当时的村党支部书记吴亮镕根据龙现村的情况，围绕生态养殖模式推广、生态环境整治等方面进行了规划。几年后，在我们的鼓励下，杨民康在龙现村开办了加工厂进行田鱼干加工。当时，县水利局为鼓励他进行田鱼干加工为他提供了许多机会，帮助他在上海、义乌等地的推介会、展销会上介绍他加工的田鱼干，逐渐提高了他们厂的田鱼干的名气。杨民康的妻子伍丽贞曾在农业文化遗产大会上作为代表发言。

此外，我们最早开始了土地流转的实践。为了扩大养鱼面积和产量，我们鼓励村里人流转土地，并组建了公司专门进行管理。当时从农民手中流转的土地大概有80亩左右，在流转后的几年里取得了不错的成效。后来，这些土地统一流转给了其他公司，现在已经成了荷塘。我们还完成了稻田的田埂修缮，并引导农民做稻田画来吸引观光的游客，效果很好。

离开方山乡之后，我也一直在关注青田稻鱼共生系统的保护和发展情况。今年我参与了青田稻鱼共生系统的立法工作，我们认为这项立法工作是非常重要的。一是通过立法的形式能够促使政府和民间形成共识，如认识到农业文化遗产的重要性，自觉保护农业文化遗产；二是在农业文化遗产保护、传承和发展的过程中存在一定困难，立法后可以通过人大监督去完善解决问题；三是目前县政府和乡政府在保护农业文化遗产的过程中缺乏刚性文件，通过立法可以保障政策的刚性执行。这项立法的课题是今年正式启动的，涉及整个丽水市，不仅包括遗产地的保护，也包括在其他地方开展的推广和借鉴工作。

李静怡：在这个过程中，有哪些事情让您记忆深刻、难以忘怀？

王志聪：在浙江青田稻鱼共生系统正式成为全球重要农业文化遗产之后，我还参与了2005年6月11日在龙现村举办的揭碑仪式的准备工作，包括具体的会务和现场布置工作。其中，比较有意思的是，当时来不及做比较大的田鱼石雕，开会前临时从邻村的一个民宿那儿借用了一个。揭碑仪式结束后，借出方又重新做了一个石雕。

李静怡：您对未来的农业文化遗产工作有什么建议？

王志聪：建议可以分为几个方面。第一点是要做好农业文化遗产保护、传承工作。现在遗产地的农民很少了，很多农民也不种田了，加上机械化的推进导致传统技术面临着失传的风险。特别是在保护传承过程中，要重视和提高农民种田的收入。

第二点是要加大农业文化遗产保护力度。只靠农业局或者乡政府来保护，力度是不够的。农业文化遗产的保护更需要县级以上政府部门的重视，应提高相关部门工作者对青田稻鱼共生系统的价值认识。这一点近几年已经有改善了，青田稻鱼共生系统的名气也越来越大了。

第三点是要推动遗产地农业和第三产业的融合发展。

我参与了试点启动和授牌活动

——周冠华访谈实录

采访时间： 2024年7月22日

采访地点： 浙江省丽水市青田县人民政府

采　访　人： 李静怡　李宇薇

受访人： 周冠华（图中右一），申遗时任青田县政府办公室副主任，现任浙江省青田县财政局局长。（李静怡/提供）

李静怡：您最早接触农业文化遗产是什么时候？在了解农业文化遗产事业后，您都做了哪些事？

周冠华：我在县政府办公室的时候第一次接触农业文化遗产。当时，项目的申报已经结束了，要在杭州和青田办一个活动，我参与了会议的筹备工作。其中，我们为龙现村的活动做了一个很大的花岗岩石雕，主题就是田鱼和稻谷，并定制了一批青田石的小石雕，作为伴手礼送给参会人员。会议开始前，闵庆文老师陪同联合国粮农组织的官员来到青田，记得他是一位荷兰人。我们从本地找到了一位荷兰的华侨与他沟通，他们聊得很开心，给我留下了很深的印象。

离开县政府办公室后，我先后负责县里的统计和财政工作，和农业文化遗产的接触就很少了。但是因为自身经历过全球重要农业文化遗产授牌仪式，对农业文化遗产有了一些了解，我也就尽可能给农业文化遗产保护工作提供一些帮助。

2022年，全球重要农业文化遗产大会在青田举办后，县里机构编制调整。我们根据县里的要求，成立了农业文化遗产中心作为专门的管理机构，是股级的，现在有3个有编制的岗位和1个编外的岗位。在青田稻鱼共生系统博物馆建成之后，我们也为博物馆的管理和运营提供了有编制的岗位，现在是农遗公司在管理。

李静怡：在这个过程中，有哪些人和事让您记忆深刻、难以忘怀？

周冠华：我对闵庆文老师的印象很深。我们是在杭州开研讨会的时候认识的。那几年闵老师来青田的次数很多，经常来，同时，在工作上我们也有许多接触。例如，闵老师团队在做农业文化遗产保护发展规划的时候，闵老师和联合国粮农组织的专家经常来青田考察，我们经常联系。授牌以后，每年还会搞一些活动，闵老师也经常来青田参加，对我们这个项目非常重视。

当时，全球重要农业文化遗产被认定后，很多人并不重视。一方面是因为，在申请的时候说，全球重要农业文化遗产与世界文化遗产是同级别的，但是申请下来之后发现，其实在影响上还是有很大差距的。另一方面是因为，青田在申报期间并没有投入太多的精力，所以刚开始几年对农业文化遗产的保护重视程度并不高，之后在闵老师团队的努力下才慢慢有所改善。

李静怡：您怎样认识农业文化遗产工作？对未来的农业文化遗产工作有什么建议？

周冠华：我们这里是“九山半水半分田”，没有平原，因此农业规模并不大。但是我们这里的生态环境很好，青田田鱼的口感与遗产地的小气候及冷水田养殖方式有很大关系。在我的印象里，传统的青田田鱼和现在的瓯江彩鲤并不是同一种，传统田鱼品种适合在山区的冷水田养殖，长大后的田鱼鱼鳞很软、鱼刺很少。现在正宗的田鱼已经非常少了，市面上的田鱼，很多是大鲤鱼放在遗产地养一段时间后就进入市场了，这种鱼鳞就比较硬。在追求经济效益的市场环境下，怎样保护和传承传统品种和技术、促进农业文化遗产地的持续性就很重要。

对于未来的建议，我认为还是要加强土地流转，加大对大户的培养，扩大农业规模，发展相关的产业。特别是现在留在农村生活的人越来越少，如果土地能够流转的话，每户管理的土地面积会比较大，也不需要很多人。这几年，我们这边的稻鱼米的名气已经打出来了。我们之前打出过口号“一亩田、百斤鱼、千斤粮、万元钱”。其实，如果鱼养得好，种稻谷反而就成为副业了。近年来，我们这边对农业文化遗产真正地重视起来了，特别是全球重要农业文化遗产大会开过之后，一些政策的出台、农遗博物馆的建设等，把农业文化遗产的“金名片”真正擦亮了，我感觉发展的前景还是非常好的。

我对农遗充满信心
——陈海民访谈实录

采访时间： 2024年7月17日

采访地点： 浙江省丽水市青田县农业局

采 访 人： 陈 喆

受访人： 陈海民，申遗时任青田县委办公室副主任，2009年任副县长，现任青田县台胞台属联谊会会长。（陈海民/提供）

陈 喆：陈会长您好！请问您最早接触农业文化遗产是什么时候？是什么人或者什么样的机会让您接触到了农业文化遗产？

陈海民：我从小就接触到稻田养鱼这种传统耕作方式了，当时并没有“农业文化遗产”这个概念，只知道这是祖辈传下来的方法，水田里既种稻谷，又可以养田鱼，能增加农民的收入。在20世纪90年代我担任乡镇领导时，开始鼓励和扶持稻田养鱼，但当时稻田养鱼的主要目的是解决温饱和营养问题，养殖田鱼如同养殖家禽，青田俗称“养红田鱼”。田鱼只是饭桌上的配菜，熏烘田鱼干主要是华侨携带出国解乡愁的，种水稻才是主要收入来源。

后来，2001—2005年，我担任县委办公室副主任和扶贫办公室主任期间，第一次接触到向联合国粮农组织申报青田稻鱼共生系统项目为农业文化遗产项目的工作。自2009年担任县政府副县长和后来担任县委常委的14年来，直接或间接参与了青田稻鱼共生系统的保护传承和利用发展工作。尤其在2017年，我开始分管“三农”工作，积极主动对接中科院地理资源所李文华院士和闵庆文老师团队，积极主动参与全球重要农业文化遗产交流活动，积极主动与浙江大学生命科学学院陈欣老师团队和上海海洋大学建立农遗保护与利用战略合作关系，积极主动向农业农村部、浙江省农业农村厅等上级主管部门汇报争取支持。尤其是在顶层设计、顶端规划方面做了很多努力。因此，我最早接触农业文化遗产是因为家庭的影响，工作后则是由于组织的安排，逐渐深入到这项事业中。

陈　喆：在介入农业文化遗产事业后，您都做了哪些事？

陈海民：自从参与到农业文化遗产工作中后，我主要做了以下几方面工作：

一是学习和科普农业文化遗产知识，提升自我和他人的认知；

二是牵头请中科院地理资源所编制新一轮《青田稻鱼共生系统保护与发展规划》；

三是推动县委、县政府出台了一系列相关政策和规定；

四是推动组建了青田县农业文化遗产保护与发展局，挂牌在农业农村局并合署办公，以及在县农业农村局内设立农业文化遗产保护与利用中心；

五是推动成立青田县农业文化遗产保护与利用联合会，发挥协会的独特作用；

六是推动出台青田稻鱼米产业发展“五统一”（统一规划基地、统一种养品种、统一种植养殖技术标准、统一收购加工、统一品牌营销）政策和申报成功国家农产品地理标志“青田稻鱼米”；

七是推动创建了青田县侨乡农业发展有限公司、青田侨乡农品城商贸有限公司、青田侨乡农产品加工园区等；

八是推动与中科院地理资源所和上海海洋大学签订两个研究中心并落地青田，即全球重要农业文化遗产保护与发展研究中心和中国田鱼研究中心；

九是久久为功推动争取2021年全球重要农业文化遗产（中国）工作交流会在青田召开、2022年首个全球重要农业文化遗产大会在青田召开；

十是积极推动争取创建世界农遗主题公园，建成青田稻鱼共生系统博物馆，成立了全球重要农业文化遗产保护与发展联盟，联盟秘书处常设青田；

十一是推动结合青田华侨进口商品博览会平台，创办农遗良品博览会；

十二是牵头总结汇编并数字化全球重要农业文化遗产保护与发展大会资料与成果，形成“农遗+三地（会议首办地、农遗联盟驻地、农遗公园标准地）”“农遗+三业态（农遗良品、农遗文创、农遗旅游）”和“农遗+三米（生态稻鱼米、致富稻鱼米、文化稻鱼米)”的发展思路。

陈　喆：在这个过程中，有哪些事情让您记忆深刻、难以忘怀？

陈海民：让我印象最深刻的事情有三件：一是习近平总书记向全球重要农业文化遗产大会致贺信，这极大地鼓舞了我们青田人民，增强了我们保护和传承稻鱼共生系统的信心。

二是我们到中科院、农业农村部等高层次单位进行汇报和交流。起初我们感到这些机构非常“高大上”，心怀敬畏。然而，接触后我们感受到他们的严谨作风与亲和力。他们暖心的态度让我们释怀，更坚定了我们继续推进农业文化遗产工作的决心。

三是争取到两个重要会议在青田召开：一个是全球重要农业文化遗产（中国）工作交流会，另一个是全球重要农业文化遗产大会。这两个会议的成功举办，不仅让我们展示了青田的农业文化遗产，也提升了我们的组织能力和国际交流经验。

陈　喆：您是什么时候离开这项工作的？您怎么认识农业文化遗产工作？对未来的农业文化遗产工作有什么建议？

陈海民：2022年全球重要农业文化遗产大会结束后，我完成了后续相关工作，因即将到退休年龄和工作需要，组织安排我到青田县台胞台属联谊会当会长，开始从事“两岸一家亲”的交流联谊工作。在这里，我同样积极推动青台两地的农业产业和农耕文化交流工作。

农业文化遗产不仅仅是非物质文化，它也是一种系统性的物质文化。只有通过物质载体的支撑，才能更好地传承和保护非物质文化。以青田稻鱼共生系统为例，如果农民从事这项工作的收益不高，那么这项文化遗产就难以为继。因此，农业文化遗产的保护需要与现代经济结合，并转化为三个产业，也就是农遗良品、农遗文创和农遗旅游。通过这些产业，我们不仅能提升农民收入，还能赋能农业文化遗产持续发展。

对于未来的工作，我建议继续深入贯彻落实农遗保护与利用的法规政策，继续深化与科研机构的合作，促进农遗赋能增效，继续深化创新赋能农遗保护与发展的可持续性原动力，力争把青田打造成农业文化遗产保护与利用的示范标杆基地，确保农业文化遗产保护工作行稳致远。借用中科院地理资源所闵庆文研究员评价青田农遗工作的一句话：“稻鱼共生和谐天地人堪称农业文化遗产典范，世界青田连接海内外无愧共同富裕探路先锋。”

吴敏芳

2010年9月，吴敏芳在任庄镇进行技术培训
（吴敏芳/提供）

我了解和参与的几项青田稻鱼共生系统保护工作

我参加农业技术推广工作三十多年，算起来农业文化遗产工作占了大半时间，也是我一生中最难忘的了。

我1989年毕业于浙江农业大学，学的是种植专业，工作后主要从事粮油作物栽培、水稻良种等技术推广工作，也兼职做过水稻种植和农产品经营工作。2009年后从事全球重要农业文化遗产稻鱼共生系统的保护、水稻品种和青田田鱼等技术研究与推广工作。上级给予了我青田县学科带头人、青田县劳动模范、青田侨乡精英、丽水市首批首席专家、丽水市科学技术贡献奖、浙江省农业技术推广贡献奖、浙江省农业科技先进工作者、中华农业科教基金会农技推广奖、全球重要农业文化遗产保护与发展突出贡献奖等荣誉。

这么多年过来，总是有人不断向我问起青田申报全球重要农业文化遗产成功的经验。我没有参与过农遗申报过程，也是逐渐知道青田没有经历过申报农遗过程的折磨。这世界农业文化遗产好像天上掉下来的馅饼一样，砸在我们青田人的头上，好运气让我们撞上了。不过再回顾想想，其实这离不开贵人相助，我们青田应该非常感谢浙江省原农业厅科教处副处长、曾在青田县挂职副县长的王建伟，中国科学院原农业政策研究中心胡瑞法研究员，联合国大学梁洛辉先生，当然也离不开扎实办事的青田县原农业局副局长张利勇等干部的努力。

我知道青田稻田养鱼成为世界农业文化遗产是2005年6月在杭州和青田两地举办的全球重要农业文化遗产项目相关会议和授牌仪式上。后来从王旭海副局长那里了解到，6月9—10日在杭州举行了项目启动研讨会，10日晚上在青田飞鹤山庄举办了授牌仪式，11日上午在方山乡龙现村举办了揭碑仪式。

我真正参与农遗保护工作是从2009年2月开始的。当时，我随青田县副县长钟秋毫、县农业局局长赵玉鸣和副局长张晓海等7人，去北京参加了“FAO/GEF全球重要农业文化遗产保护与适应性管理——中国青田稻鱼共生系统试点项目启动暨学术研讨会”，会议在中科院地理资源所召开。从此，我的工作重点发生了变化，从单纯做农业技术推广转变为兼顾全球重要农业文化遗产管理工作。这次会议后，钟秋毫副县长向赵玉鸣局长提出，要我直接参与这项全球重要农业文化遗产保护管理工作。

编制保护与发展规划

在我参与农遗保护工作之前，青田从2005年6月就开始了制定稻鱼共生系统项目保护规划的前期调研工作。当年11月，在杭州市举行了稻鱼共生系统项目保护规划研讨会，中国科学院、北京师范大学、华南农业大学、浙江大学等单位的专家共谋项目保护大计，会议委托中科院地理资源所和浙江大学分别编制保护规划大纲。

2006年4月，在青田举行了稻鱼共生系统规划大纲评审会，会议原则上通过了两份规划大纲评审，并要求中科院地理资源所整合两个规划文本，取长补短，编制完成《青田稻鱼共生系统全球重要农业文化遗产保护规划（2006—2015）》。第一部10年规划于2007年5月正式落地。

2015年10月，我们利用“青田稻鱼共生系统”10周年纪念活动的契机，全面总结评估了稻鱼共生系统保护与发展成效和存在问题，又启动了第二个10年规划的编制，得到县发改委2016年计划立项。经协商，委托与我们长期合作的中科院地理资源所焦雯珺和北京联合大学孙业红等组成的团队负责编制，我全程参与了这项工作。2017年1月，《青田稻鱼共生系统保护与发展规划（2016—2025）》在北京通过了李文华院士为组长的5位专家的评审。目前，第三个农遗保护与发展10年规划已在谋划中。

制定保护与发展管理办法

经过5年探索，我们发现，需要制定一个规章制度来推动保护与发展。2010年，我们组织开展了管理办法起草，后征求了相关部门和农业文化遗产专家意见，于同年6月，由县政府发布了《全球重要农业文化遗产青田稻鱼共生系统保护暂行管理办法》。这是青田稻鱼共生系统的第一个管理办法，也是全国第一个地方性的全球重要农业文化遗产管理办法。我们的工作，也为2015年农业部出台《重要农业文化遗产管理办法》提供了参考。2019年，我们根据农业农村部《中国重要农业文化遗产管理办法》修订了《全球重要农业文化遗产青田稻鱼共生系统保护暂行办法（草案）》，并征求了县有关部门和农业文化遗产相关专家意见，提交县政府办公室。

为了更好地实施《青田稻鱼共生系统保护与发展规划（2016—2025）》，我们还制定了《青田县“稻鱼共生”产业发展三年（2017—2019）行动计划》，2021年多部门联合出台了《关于进一步加强青田稻鱼共生产业发展的实施意见》。

2022年农遗大会后，青田县委发布《全面打造全球重要农业文化遗产保护利用实践先行地》（青委发〔2022〕18号）文件，青田县人大常委会通过《关于加强全球重要农业文化遗产青田稻鱼共生系统保护与发展的决议》（青人大〔2022〕24号），青田县委、县政府提出了“农遗30条”，提出加快青田稻鱼共生系统保护立法建议。

2023年，丽水市政府、市人大把《丽水市稻鱼共生系统农业文化遗产保护利用条例》纳入立法计划调研项目。丽水市农业农村局多次来青田调研稻鱼共生系统保护立法，县农业农村局农业文化遗产保护与发展中心组织单婵、吴伟立和我等提供了有关基础材料。同年12月，丽水市农业农村局形成《丽水市“稻鱼共生系统”农业文化遗产保护利用条例》的立法调研报告，提出“立法名称确定为《丽水市青田县“稻鱼共生系统”保护利用条例》”等三点建议。

2024年6月17日，丽水市政府召开了《丽水市青田稻鱼共生系统保护利用条例（草案）》立法论证会。11月，丽水市人大法工委组织召开稻鱼共生系统条例草案核审会。2024年11月29日，丽水市第五届人民代表大会常务委员会第二十二次会议审议通过《丽水市青田稻鱼共生系统保护发展条例》，并决定于

2025年6月5日正式实施。

建设稻鱼共生系统博物馆与博览园

早在2006年，钟秋毫副县长就先后组织人员对稻鱼共生系统博物馆建设进行考察，2009年6月，还组织召开了农业文化遗产保护与乡村博物馆建设研讨会。2010年，委托丽水学院编制了《全球重要农业文化遗产青田稻鱼共生系统博物园建设总体规划（2010—2015)》，提出到2015年，基本建成集稻鱼共生系统保护、农业文化遗产展示、农耕文化体验观光为一体的方山稻鱼共生博物园。

2018年，青田稻鱼共生系统博物馆的建设再一次被提出，并被纳入县投资建设计划项目。馆址最后选择在方山乡石前村原已获得审批的建设用地，并争取到浙江省稻鱼共生生态循环有机示范县项目的支持。我们邀请了中央美术学院教授、来自法国的鲁伟教授进行设计，外形为田鱼，并与周边乡村环境很好地融合。在基础设施建设的同时，我们邀请了中科院地理资源所闵庆文和焦雯珺、北京联合大学孙业红、浙江大学陈欣、中国林业科学研究院亚林所王斌、中国水稻研究所庞乾林等专家开展博物馆主要展陈内容研究。农遗大会专班业务指导组和当地文化专家孙红华、陈志宁、赵国新等逐字逐句推敲文字表达、进行图片选择，2022年6月完成布展，并于7月召开的全球重要农业文化遗产大会前正式开馆。

除了这个博物馆以外，还有一些其他类型的小型博物馆。例如，方山乡学校的农耕文化馆，也就是农耕文化宣传教育展示中心。在青田稻鱼共生系统被列入农遗后，退休老师陈正波利用滩坑电站移民机会，收集了一大批地方劳动农具、生活器具等500多件，在方山乡学校内空余教室建成了“农耕文化馆”。

2016年，我们争取到农业部国际交流与合作项目“全球重要农业文化遗产青田稻鱼共生系统保护”，其中部分资金专门用于支持方山乡学校夏丽芳老师等负责对农耕文化馆进行提升，还专门编制了农耕文化课程，制作了学生们使用的鱼灯。这个农耕文化教育基地已吸引了各地学子前来参观交流学习。2016年6月，联合国粮农组织总干事来青田考察稻鱼共生系统，还专门到这里参观。

此外，还有龙现村的一些专题博物馆。所有这些，都为全球重要农业文化遗产公园创建打下了坚实基础。

拍摄稻田养鱼教学片

2007年，浙江广播电视大学（现名浙江开放大学）计划拍摄稻田养鱼教学片，要求青田配合提供有关内容及拍摄场景。经浙江广播电视大学青田学院推荐，确定由我们提供传统稻鱼共生技术脚本及协助季节场景安排。

我写出稻鱼共生技术内容后，就找县电视台摄影兼编辑姚雪峰帮忙，由他完成用于拍摄的脚本，再由浙江广播电视大学青田学院的施海林定稿。在两年多的时间里，浙江广播电视大学青田学院摄影赵志良、电编王鹏、制作姚宗顺和施海林、视频技术吴明组织了生产季节的拍摄，我则负责组织安排生产场景和农事活动的农民演员。那段时间，我们来来往往在仁庄镇新彭村、洋坑村奔跑，很是辛苦。仁庄镇农技员洪廷光和彭口村农民陈真饶、孙岳彬、伍国征等帮了大忙。拍摄完成后的后期制作都是由浙江广播电视大学完成的，县农业局科教科吴伟萍老师负责英文翻译，中科院地理资源所李文华院士题写片名。2014年，前后花6年时间制作完成的中英文双语视频《青田传统稻鱼共生技术》正式由浙江音像出版社出版，同年4月在江苏兴化召开的“第一届GIAHS（中国）工作交流会暨第一届东亚地区农业文化遗产学术研讨会”上首次发行。这个电视科教片在各地稻田养鱼技术培训和交流中发挥了重要作用，还赠送给了联合国粮农组织。2018年，该片获得了全国教育影视优秀作品一等奖。

组织与参与科研与科普工作

2009年，我建议浙江大学生命科学学院陈欣、唐建军教授团队在仁庄镇建立研究试验基地。后来我和仁庄镇技术员洪廷光考察了仁庄村、小令村、洋沁村、吴岸村等多个地方，最后选择了仁庄镇外洋村和下畈村。在这里我们连续开展了约15年的研究，并且在仁庄镇金洋畈村拓展了第二个试验研究基地，还在青田易天渔业开发有限公司建立了青田第一个省级博士后工作站。浙江大学争取了多项国家级和省级科研项目，围绕传统稻鱼共生系统生态原理和青田田鱼生物多样性发表了多篇具有国际影响力的论文，培养了8名生态学博士研究生及多名硕士研究生，制定了《青田田鱼》标准。

2010—2015年，我主持或参与了“山区稻田生态种养集成技术推广应用”项目，2012年获丽水市农业丰收奖一等奖，2016年获浙江省农业丰收奖二等奖。

2016年，另一个项目“山区稻田生态种养双增效技术集成研究与应用”获丽水市科技进步奖二等奖。青田稻鱼共生模式向丽水山区推广，主要参与人员有青田县水产技术推广站吴伟立和丽水市水产技术推广站姚子亮、陆君等。

2009—2017年，在省、市农业技术推广基金会的支持下，我在位于仁庄镇新彭村的青田县彭饶田鱼专业合作社的稻鱼共生示范基地，进行了再生稻鱼共生模式试验，并建立了120亩示范田。再生稻鱼共生模式经试验、示范，技术逐渐成熟，水稻与田鱼产量与效益明显提高，实现了“千斤粮、百斤鱼、万元钱”的要求。2013年，再生稻鱼共生平均水稻产量700千克/亩（头季稻500千克、再生稻200千克），田鱼产量140千克/亩，平均亩产值11200元/年，净收入达到6000元。这一生态高效再生稻鱼共生模式，成为浙江省的典型案例，基于这一模式创制的《一种适合于南方稻鱼共生系统的再生稻蓄育方法》，于2018年获国家发明专利。

自2014年初开始，我与青田县摄影家协会汤洪文等合作完成了《青田稻鱼共生系统十周年画册》，与青田县文化馆副研究员陈介武合作编写了《青田稻鱼共生系统的文化》一书。此外，我还参与了中科院地理资源所焦雯珺等主编的《浙江青田稻鱼共生系统》读本的书稿撰写工作，为《世界农业》《世界遗产》《农民日报》等报刊提供了稻鱼共生材料。

保护稻鱼共生知识产权

记得2006年初，我们接到县工商局反馈信息，“青田田鱼”被抢注，网上显示时间为全球重要农业文化遗产青田稻鱼共生系统授牌后不到一个星期，丽水市、衢州市等地3人申请注册了“青田田鱼”商标。

这个县域地名商标被抢注事件引起我局领导的重视。王旭海副局长召集开会商议对策，决定由我（当时任农业技术推广中心主任）负责，马上组织材料向国家商标局提出异议，请求驳回“青田田鱼”的私人个体注册。我们还向县人民政府请示报告，批准以青田县农业技术推广中心名义提出申请注册，同时马上制定“青田田鱼”使用管理规则，整理田鱼历史文化、特征特质及生产标准等证明材料，启动向社会征集“青田田鱼”标识，于2007年4月正式向国家商标局提交注册“青田田鱼”地理标志证明商标的申请。

2012年5月，丽水学院商学院副院长廖峰挂职青田县长助理，他专门调研了“青田田鱼”地理标志证明商标一事，组织补充申报材料，于2012年11月再次向国家商标局提出要求核准注册，并亲自组织人员去北京当面汇报沟通。国家商标局管理处同志回话要求提供《青田县志（续编1988—2007)》的正式出版证明。因这版新修订了一章《田鱼之乡》，《青田县志》主编陈慕榕听到这一情况后，加快最后审核，并协调浙江人民出版社以最快速度拿出一本审定版。经过多方努力，2012年12月9日，“青田田鱼”终于被核定为地理标志证明商标。

“青田田鱼”地理标志证明商标的申报成功，是集体协作的成果。当时青田县农业局农业技术推广中心的同志，县工商局商标科的同仁，《青田县志》主编陈慕榕、农业编辑叶培雄，以及县长助理廖峰、县政府办副主任徐足敏、丽水市工商局商标处处长吴明荣等，都付出了很多努力。我曾为《青田志话》文集写了一篇题为《青田县志与青田田鱼》的文章，以纪念此事。

“青田田鱼”地理标志证明商标申报成功后，我们又于2014年申报国家质量监督检验检疫总局生态原产地保护产品，青田田鱼和田鱼干很顺利地获得通过。2018年，青田县获“中国田鱼之乡”称号，2019年“青田田鱼”经申报成为农业农村部农产品地理标志保护产品。2022年，“青田田鱼”成为浙江省十大水产种质之一。曾经被命名为“瓯江彩鲤”的“青田田鱼”，从此正名。

2018年，“青田稻鱼米”获国家地理标志证明商标，这是继“青田田鱼”之后获得的第二个地理标志证明商标。

组织开展好稻米评选

原来人们都将眼睛盯在青田田鱼上，其实来自养鱼稻田的米也是非常好的。2016年11月，在获知青田稻鱼米在浙江农业博览会上参加浙江省好稻米评比并获优质奖后，我就想，我们何不组织自己县里的好稻米评比借以宣传稻鱼共生系统生产出来的米更优质呢？随后，我和邹爱雷、陈利芬、赵玲玲等同事们就商议出了青田好稻米评比方案。

2017年，青田县举办了第一届好稻米评比，共评出3项金奖、10项优质奖，择优推荐参加2017年浙江省好稻米评比，获得1项金奖、1项优质奖。青田稻鱼米的名声一下子在全省响亮起来。此后，我们每年都会举办县级评比。丽水市也开始评比好稻米了，我们青田稻鱼米在评比中获得了金奖总数的一半。青田稻鱼米先后获得了黑龙江国际大米节3项金奖、全国稻渔综合种养大米金奖、浙江省好稻米金奖4项、省农博会农产品金奖、丽水市好稻米金奖等。

推动建立农民合作组织和农遗联盟

2004年10月，仁庄镇政府的林永丽和洪廷光组织彭口村农民陈真饶、孙岳彬、伍国征等，建立了全县第一个田鱼专业合作社，2005年5月正式注册“青田县彭饶田鱼养殖专业合作社”。合作社不断发展壮大，拥有1座办公楼、300平方米育秧中心、1座田间培训学校、300亩稻田养鱼基地，2009年又建立了120亩再生稻鱼共生示范基地，成为稻鱼共生生产、交流、学习的重要示范基地。此外，2006年还成立了青田县小舟山田鱼养殖专业合作社，2011年成立了青田县方源田鱼养殖专业合作社，2015年成立了青田县龙现田鱼养殖专业合作社和青田县七源稻米产销专业合作社。

2013年4月，我和青田县水产技术推广站的吴伟立、青田县草苗食品有限公司的陈久永、青田县天客隆商贸有限公司的陈观凯、青田县易天渔业有限公司的陈光美等，筹备发起成立了青田县稻鱼共生产业协会。2021年1月，为落实全球重要农业文化遗产（中国）保护与发展联盟秘书处联系平台工作，经主管部门同意，把“青田县稻鱼共生产业协会”更名为“青田县农业文化遗产保护与发展联合会”。

2021年4月，青田县发起筹备建立全球重要农业文化遗产（中国）保护与发展联盟。2021年9月，在青田县召开的“全球重要农业文化遗产（中国）工作交流会”上，正式成立了全球重要农业文化遗产（中国）保护与发展联盟，并由青田县承担秘书处工作，秘书处常设在浙江省青田县农业农村局。2023年7月，在全球重要农业文化遗产大会一周年之际，在青田县举办了全球重要农业文化遗产（中国）保护与发展联盟第二次会议，通过了《全球重要农业文化遗产（中国）保护与发展联盟工作制度（试行）》和联盟主席、秘书长聘任名单，并聘任中科院地理资源所闵庆文研究员为联盟顾问。

搭建合作平台

2017年12月，我们建立了青田县农作物管理院士专家工作站，由中国科学院李文华院士牵头组建，进站专家有中国科学院地理科学与资源研究所、浙江大学生命科学院、上海海洋大学水产与生命科学院等有关专家16人，2018年3月被列入丽水市级院士专家工作站。

记得2017年7月，青田县中医院院长卢益中电话问我有没有熟悉的院士。我说农业文化遗产方面有啊，他说县委组织部让问一下是否可以建立院士专家工作站。后来县委组织部人才办主任叶旭伟和县科协主席包永海都联系了我，希望帮忙寻找与青田县有联系的两院院士商谈合作建立院士专家工作站，以更好地推进人才平台建设。我虽然与李院士接触过多次，但也心中没底。9月22日，我借去北京参加中国国际农产品交易会农业文化遗产展的机会，专程跑到中科院地理资源所，但没有碰到李院士，听说他在杭州开会。我第二天就坐高铁直接到杭州，在杭州西溪宾馆向李院士简单汇报了青田稻鱼共生系统保护情况及我们想建立院士专家工作站的事情。李院士肯定了青田农遗保护工作做得有成效，至于建站一事，他要回北京与同事们商量后才能答复。过了一个星期，李院士秘书刘某承博士回电话，说李院士同意在青田县建立工作站。我向姚晓月局长作了汇报，并向县委组织部人才办、县科协反馈了情况，他们都很高兴，要求抓紧准备签约工作。

2017年12月25日，县人民政府副县长李剑飞、县政府办副主任吴旭平、县科协主席包永海、县农业局局长姚晓月和我一起去中科院地理资源所签约。这是青田县委党管人才的一件大事，县政府马上给工作站安排了专门经费，后县人才办又拨了项目经费。在李院士的带领和指导下，工作站先后开展了“浙江青田稻鱼共生系统保护与发展：2005—2020”“青田稻鱼共生系统科普传播研究”“基于综合效益比较的青田稻鱼共生系统农户补贴测算”“青田稻鱼共生系统的生态学基础及其保护与利用”等项目研究。

在2010年10月举办的青田GIAHS授牌五周年纪念活动上，青田县人民政府与中国科学院地理科学与资源研究所自然与文化遗产研究中心、中国农业博物馆、浙江大学农业生态研究所、国际亚细亚民俗学会中国分会共同建立了“稻鱼共生系统农业文化遗产联合研究中心”。为让这一平台更好发挥作用，2021年6月5日，青田县人民政府与中国科学院地理科学与资源研究所签订了“全球重要农业文化遗产保护与发展研究中心”共建协议，聘任闵庆文研究员担任研究中心主任。

推广农遗保护经验与稻田养鱼技术

我们还将青田县的农业文化遗产保护理念和经验向其他地区推广，为中国的GIAHS申报与管理提供了榜样，促进了中国重要农业文化遗产的发掘与保护，为国内外树立了典范，得到农业农村部和联合国粮农组织的肯定。

我们积极向外传播经验，于2009年派代表参加了在贵州省从江县举办的民族文化保护与传统农业发展会议，以及在云南省红河哈尼族彝族自治州蒙自市举办的哈尼梯田农业文化遗产保护论坛等。

我们还将青田稻田养鱼技术向西部地区推广，例如贵州省湄潭县、四川省古蔺县等地。特别是在四川省古蔺县，我作为技术人员多次去指导，还邀请徐冠洪等种植养殖大户去指导，对当地农业农村发展起到了很好的促进作用。

（作者系浙江省青田县农业文化遗产保护与发展中心农业技术推广研究员）

PART 3

第三部分

科研人的访谈与回忆

我最得意的是将 GIAHS 引到了中国
——梁洛辉访谈实录

采访时间：2024年7月16日

采访地点：浙江省丽水市青田县龙现村

采　访　人：王博杰

受访人：梁洛辉（图左），申遗时任联合国大学可持续发展高等研究所研究员、FAO项目官员，现任中国科学院地理科学与资源研究所客座研究员。（王博杰/提供）

王博杰：梁老师您好！能跟我们介绍一下您最早是怎么参与到农业文化遗产事业中以及如何推动在中国的工作的吗？

梁洛辉：我曾经撰写了一篇文章，即发表在联合国大学报告*UNU and GIAHS*上的*UNU and the Start of GIAHS*，其中介绍了联合国发起这项事业的过程。

具体是这样的。从1992年开始，联合国大学就开始关注农业生态系统中生物多样性保护问题，特别是如何保护农业生物多样性，同时实现农业的可持续发展。我们做了很多年，并得到了GEF项目的全额支持，承担了“人、土地管理与环境变迁（PLEC）”项目，在全球范围内开展农业生物多样性的可持续发展，我是这个项目的负责人和协调员。我们一直做到2002年，并且取得了很多成果，包括农业生物多样性评价指南、基于乡土专家的农业生物多样性管理示范等。

FAO是联合国体系内负责粮食、农业和农村可持续发展及自然资源管理的专门机构，他们比较关注我们的PLEC项目进展，于2000年在位于罗马的FAO总部组织过一次PLEC专家咨询会议。2002年，他们酝酿发起GIAHS倡议，邀请联合国大学参加。联合国大学派我参与了这个项目的发起及后续的协作，后来我的其他几位同事也参与了GIAHS项目。我参与了2002年8月GIAHS倡议指导委员会的创立及首届会议，以及2004年、2006年、2009年、2011年、2013年的会议。在2002年8月的会议上研讨确定了GIAHS概念性框架及试点项目挑选标准等事项。FAO随后在全球可持续发展峰会宣布了GIAHS 倡议。首届会议上还要求参与发起单位推荐GIAHS项目试点。

当时的试点包括两个层次的概念：一个是系统，一个是代表系统的点。在亚洲，我们就选定了稻鱼共生系统及稻作梯田两个优秀传统农业系统，然后再选择代表性样点作为试点。

在定下来这件事之后，我就起草了一份关于申请稻鱼共生系统项目的申请书，但这个时候需要试点。2002年，中科院地理资源所的中国农业政策研究中心副主任徐晋涛到日本参加了在联合国大学举办的世界银行的一个研讨会议，我正好也参加了这个研讨会。在这个会上我就问他，你们那里是否有相关的农业生物多样性专家在从事这方面的工作，他就给我推荐了胡瑞法老师一起合作。2003年3月，我向胡老师介绍GIAHS倡议，准备推荐稻鱼共生传统农业系统作为试点，希望他推荐一些代表性样点。胡老师经过比较推荐了青田和从江两个样点，并提供了草稿及相关资料。基于胡老师提供的资料，并参考相关文献，按照GIAHS的格式，我于2003年6月准备了稻鱼共生系统项目试点申请初稿。与胡老师反复沟通与修改后，我们于2003年9月把完整的申请书提交给FAO，作为联合国大学推荐的一个试点系统类型及两个代表性样点。

2004年6月7—9日，FAO开了一次GIAHS指导委员会会议，主要对报上来的项目申请候选点进行评审，中国的申请通过了。FAO在8月11日正式通知我，青田项目试点申请可行，要等待中国政府职能部门（即农业部）批准。报批过程复杂，多亏胡瑞法研究员积极与各级农业部门，包括农业部、浙江省农业厅及青田县农业局沟通协调。2004年12月22日，农业部正式同意此项目，并通过FAO驻北京办事处进行上报，所以2004年12月22日就是青田项目试点批准的日期了。

2004年底，农业部批准了中国试点项目申请，并报送FAO之后，FAO就联系我，说这个项目成了，要组织召开一个试点项目启动会。我随即与胡老师沟通，联系国内参加单位，确定会议日期，制定会议日程。启动会于2005年6月在浙江杭州及青田举行，并由FAO授牌。青田是GIAHS倡议的首批试点之一，而且是全球第一个正式授牌试点。

随后，FAO积极推进GEF全额项目申请。为了冲刺GEF全额项目的申请，2006年7—8月FAO把我从联合国大学借调到FAO工作了一个月，全力协助推进全额项目的申请。GEF全额项目审批之前还需要国家主管GEF项目的职能部门批准。大多数GIAHS试点国家主管GEF项目的职能部门很快批准了GIAHS全额项目申请，但中国政府的职能部门对GIAHS全额项目的审批花费了较长时间。当时，我比较担心万一不能及时得到审批，中国不能进入GIAHS全额项目实施，那就遗憾了。所以，我就频繁通过国际电话联系中国GIAHS试点项目负责人闵庆文研究员，询问审批进展。幸好，中国审批及时，能继续参与GIAHS全额项目，同时，中国的继续参与也促成了GEF全额项目申请成功。

GIAHS项目成功获得GEF全额项目资助后，FAO于2009年逐步在中国等参与国家启动了GIAHS全额项目。随着中国、菲律宾、日本、韩国、印度等亚洲国家积极加入和参与GIAHS倡议，联合国大学于2007年就开始组织亚洲GIAHS参与国家多次开展经验交流，并对相关国家提供技术指导。在2013年8月举行的一次中国、日本、韩国经验交流会议期间，先由中国代表闵庆文研究员提议，然后我撮合三国代表数次协商座谈，最终促成三个国家代表同意创立东亚地区农业文化遗产研究会（ERAHS），随后在中国举行了第一次ERAHS工作会议。

王博杰：万事开头难，青田的申遗工作确实很不容易。申遗成功背后的工作中，有哪些人让您印象深刻？

梁洛辉：第一个令我印象深刻的就是GIAHS落地中国的中方代表、时任中国科学院中国农业政策研究中心研究员胡瑞法。我是通过中国科学院中国农业政策研究中心副主任徐晋涛教授介绍认识胡瑞法博士的。我和胡老师曾经一起带学生去内蒙古做农作物多样性野外调查。胡老师工作很认真勤奋，在野外指导学生讨论到深夜，令我印象深刻。如上面所述，从2003年3月开始，我与胡老师精诚合作，研究编写青田稻鱼共生系统申请GIAHS试点，经过我们近两年的共同努力，FAO于2004年底确定青田为GIAHS的试点，并在2005年6月正式授牌。申请过程中，最值得提及的有两件事。其一是中国稻鱼共生系统代表样点的选择。开始胡老师提供的中国稻鱼共生系统范围太大，涵盖中国南方大部分地区。我就让胡老师缩小范围，选择县以下单位，最好是村一级，才方便试点摸索经验，而且稻鱼共生系统也只需要小流域就能涵盖所有系统要素。最后选择了两个村级稻鱼共生系统典型代表点，即浙江青田龙现村和贵州从江增冲村。尽管2004年召开的第二届GIAHS指导委员会评审通过了两个代表点的申请，但FAO还是建议先做一个试点，然后逐步扩大到其他点。综合比较，青田更具有条件摸索如何保护与发展这种新创立的遗产类型，加上青田交通方便，有利于后续推广示范。农业部同意这一方案，最后将浙江青田试点申请正式报送FAO。

其二是我们讨论确定GIAHS名称的中文翻译问题。GIAHS当初的全名是Globally-important Ingenious Agricultural Heritage Systems，它的直译是“全球重要的、精巧的农业遗产系统”。2002年首届指导委员会制定遴选标准时特别强调了GIAHS的传统知识及文化特征。同时，英文Ingenious（精巧的）主要反映人类对自然环境及其变化的文化适应。因此，这里英文Agricultural（农业的）解读为Agri-cultural（农业文化的）更能体现GIAHS的内涵，特别是涵盖Ingenious所要反映的文化适应概念。我与胡老师反复商量，决定采用“全球重要农业文化遗产”作为对GIAHS这个FAO新创立的遗产类型的中文翻译，而不是简单地采用字面直译。这个译名还可以避免与国内农业历史研究已经形成的“农业遗产”概念相混淆。前者GIAHS（全球重要农业文化遗产）针对历史时期出现并延续至今的农业文化遗产，并且仍然为村社提供粮食及生计保障；后者“农业遗产”比较偏重历史时期曾经出现过的农业文化、古农书籍及遗迹等。

第二个令我印象深刻的是李文华院士和闵庆文研究员。2003年，我与李院士及闵老师在日本东京大学的一场研讨会上结识。之后我在北京出差期间，再次见到闵老师，并且得到赠书《生态农业——中国可持续农业的理论与实践》，了解到李院士及闵老师为中国生态农业的领军人物，他们的研究工作与GIAHS密切相关，对促进GIAHS非常有意义。李院士的学术地位及专业非常适合领导GIAHS这项事业，而闵老师又有很强的执行力。于是我就向闵老师介绍了我与胡老师正在推动GIAHS项目落地中国的努力，希望他们加盟。FAO也希望我们能够在GIAHS参与国家找到领军人物来推动GIAHS。随后，我与胡老师沟通，请他进一步与李院士及闵老师对接，争取他们的加盟，以期有力推动中国GIAHS项目的后续实施。

2005年6月，FAO为青田稻鱼共生系统授牌，即GIAHS落地中国。这只是中国农业文化遗产事业的第一步。随后，李院士和闵老师全面接手了GIAHS的中国试点工作。他们克服全球没有先例借鉴、研究经费少、领导还不够重视等困难，在2005—2008年取得令人瞩目的成果。根据试点经验，中国项目组制定了全球首个GIAHS项目5年行动规划，首次提出国家级及地方级农业文化遗产的概念，为后续GEF全额项目的实施奠定了扎实基础。由于这些突出成绩，李院士后来被FAO任命为GIAHS项目指导委员会主席，闵老师也得到FAO嘉奖。

我对闵老师的评价是这样的，他在接手GIAHS项目后一直在坚守，不断争取其他资源支持这项工作。尽管最初经费非常少，政府也还没有太重视。比如在北京举行项目会议时，包括粮农组织GIAHS项目协调员Koohafkan博士来访，相关级别领导基本不会来参加会议。项目实施初期非常艰难，闵老师却一直坚持在做，把GIAHS这个有期限的项目当作一项长期事业来做。GIAHS是一项长期事业，需要机构和热爱这项事业的人持续争取各种资源，推动其动态保护与传承。

第三个令我印象深刻的人就是当时任职农业部国际合作司的赵立军先生。2004年8月，FAO通知我初步选定青田稻鱼共生系统试点，需要职能部门批准。胡老师与农业部国际合作司沟通过几次。尽管试点项目很小，赵先生仍然不辞辛苦跟进这件事。为了核实情况，2004年10月，赵先生直接写信向我询问申请情况以及最新版的试点项目申请书。我很快回复他的询问，转发给他FAO同意选取浙江青田试点以及最新项目申请书。由于赵先生的协助，农业部于12月审批，并报送FAO。如果没有赵先生的持续跟进，或许GIAHS落地中国的时间可能要推后。

把GIAHS项目带进中国，一是因为当时我在联合国大学负责农业生物多样性可持续管理研究方向，比如PLEC项目。联合国大学借助FAO的平台能在全球推动农业生物多样性就地保护工作，积极配合FAO推动GIAHS从概念到落地试点及实施是我的研究项目中一项非常好的应用。二是因为中国文化与生态多样，造就了多种农业生产模式，我出生长大于中国西南地区的西双版纳，耳濡目染各种地方美食。中国农业不完全是现代化模式（杂交稻、高产品种、化肥农药等的推广应用），还有许多优秀的传统农耕系统值得发扬光大，中国发展农业应当走多样化道路，不能仅依靠单一模式。因此，我一直努力推进这个项目落地中国。记得李院士最早与我们一起研讨GIAHS项目实施时，跟我说了几次，他说中科院成立自然与文化遗产研究中心，正好有我带进来的这个GIAHS项目作为中心的旗舰事业，非常感谢这个机遇。

王博杰：除了他们几位，还有其他人让您在这个过程中印象深刻吗？

梁洛辉：那就是吴敏芳老师，后来他一直跟我们有联系。学生中就是孙业红和张丹跟我联系比较多，后来2007年时我们还一起到过贵州从江。

王博杰：您大概什么时候离开农业文化遗产工作的？

梁洛辉：其实我一直没有离开，联合国大学每两年制定一次项目计划，要求你不能总是做相同的科研计划，但可以有一定的重心，每两年都需要进行调整。从2013年开始，我就开始做海岸带的可持续管理，到2014年开始做可持续林业经营。GIAHS的相关活动我一直在参加，但不是核心、重心了。2012年，我们在诸暨开了一次比较大的会（就是在浙江绍兴会稽山古香榧群申遗期间），来自日本的代表团对青田特别感兴趣，就来青田考察，我们就专门召开了一个座谈会。当时的农业局局长提了一个问题：养鱼比较麻烦，因为白鹭比较多，也不能打，鱼苗都被叼跑了，怎么养是个问题。我对这个领域不是特别熟悉，当时就提出来用拉网、架棚子，或者架花架之类的方法来防范。但日本代表提出了一个相反的思路，他说，正因为有鸟，他们生产的米才会更值钱，并介绍了他们佐渡岛上朱鹮的例子。所以青田后来提出来要考虑打出“稻鱼米”品牌的思路。现在他们做得也很成功。

我还参加了2017年在浙江湖州举行的第四届东亚地区农业文化遗产大会，并在会后协助武内教授考察评审湖州桑基鱼塘系统申请GIAHS的事情。因此，不能说“离开”，只是参加得比较少了一些。

王博杰：在这之后，农业文化遗产事业也发展得比较迅速。从整体角度您如何看待目前农业文化遗产工作的发展态势？同时您对未来的农业文化遗产工作有何建议？

梁洛辉：目前，GIAHS倡议在中国、日本和韩国都做得很好，发展比较快，其他国家的情况报道不多，似乎进展缓慢，推广的国家也比较少。自从

2005年FAO授牌认定青田稻鱼共生系统为全球第一项GIAHS以来，目前已经在28个国家认定了89项GIAHS。尽管仅有28个国家的部分农业文化遗产被认定为GIAHS，但总数已经达到了89项，约为最初设想评选150 ~ 200项的一半。GIAHS遴选的最初思路是先选系统，即GIAHS本身，再按照系统的要素完整性及特征，选择代表性的样点，即遗产地。每项GIAHS可以从选定试点开始逐步扩展到其他样点，甚至其他国家，代表性遗产地的数量就可以多一些。例如，首批GIAHS试点项目之一“马格里布绿洲农业系统”就分别在摩洛哥、阿尔及利亚、突尼斯三个国家选择了代表性遗产地。但在后来的项目实施过程中，遴选过程变成了一个GIAHS农业系统就是一个独立的遗产地，和我们的初衷有些不同。当然，各个遗产地单独申请认定能够充分体现各个遗产地的特色。近年来FAO认定的“中国南方稻作梯田系统”这个全球重要农业文化遗产，就分别在广西、湖南、江西和福建四个省份挑选了代表性遗产地，是对早先遴选思路的一种成功实践。但整体来看，把农业文化遗产推广到世界其他国家仍然任重道远。不像欧洲很多国家拥有大量古建筑遗址类文化遗产，许多国家特别是广大发展中国家拥有丰富多样的活态农耕文化，很多农耕文化要素属于非物质文化遗产，需要GIAHS这个载体来传承。我们需要让更多的国家认识到，农耕文化是他们的优势，可以借助农耕文化及GIAHS这个载体来宣传他们的文化遗产。中国、日本、韩国现在做得很成功，悠久的农耕文化找到了GIAHS这个很好的载体来继承和发扬光大。如何借助中国的经验帮助发展中国家挖掘农业文化遗产，我认为还值得进一步做下去，同时不要让农业文化遗产掉入只重视农业生产技术的陷阱。

GIAHS的遴选过程需要特别注意系统的完整性。初期试点过程中，韩国、日本、伊朗等国家的申请都曾经出现过对系统完整性缺乏足够认识的情况，只关注了农业文化遗产中的某个突出要素，而忽略了其他要素。记得在一次农业文化遗产的会议上，有的代表曾经提出过一个问题：“传统农业系统中有的要素流失了，后来又重新恢复，还能不能评选农业文化遗产？”例如，日本农业文化遗产“佐渡岛稻田-朱鹮共生系统”中的朱鹮这个要素曾经消失了，后来又从中国引种过来恢复了，还能算是农业文化遗产吗？我个人认为，只是系统的部分要素流失了，后来又重新恢复了，应该还算。这个问题既涉及系统的完整性，也涉及系统的真实性问题，值得进一步探讨。

农业文化遗产的遴选标准中的第五项是关于农业景观的。目前农业景观方面的研究还不够明确。韩国在申报时经常询问我如何论述农业景观，问我们如何撰写这个内容。我认为这个问题也值得我们进一步研究总结。因为我是学地理出身的，对景观生态相对比较了解。景观生态有很多定义，我比较欣赏哈佛大学景观生态学Forman教授的定义。他的定义与我在北京大学读书时陈传康教授讲授的“土地利用综合体”概念比较相似——景观是一个或数个生态系统的空间上的有规律组合分布。调研农业文化遗产的这个要素时，需要借助航空及卫星影像探索总结这些生态系统组合的规律分布。例如，哈尼梯田景观是“森林-村庄-梯田-水系”四种主要生态系统要素的有规律的组合，即“四素同构”。如果没有发现这种多个生态系统组合规律，“景观”这个要素的论述就是不清楚的。有些申报资料中对“景观”这个遗产要素的论述只是对各种生态类型进行简单的堆砌描述。希望未来农业文化遗产研究工作能关注“景观”这个要素。

我们为什么选择了青田
——胡瑞法访谈实录

采访时间： 2024年7月16日晚上

采访地点： 浙江省丽水市青田县龙现村

采 访 人： 梅　艳　罗友渔

受访人： 胡瑞法（图中居中），申遗时任中国科学院地理科学与资源研究所中国农业政策研究中心研究员，现任北京理工大学教授。（梅艳/提供）

梅　艳：您能回忆一下最早是什么时候接触农业文化遗产和青田申遗的过程吗？

胡瑞法：那是在2003年，我记得是4月得到这个消息的。当时梁洛辉老师是联合国大学一个项目的负责人，我们从2002年开始合作一些小项目，然后2003年时他提出了这个想法，我们开始准备申报，当时我们在全国范围内考虑哪些地方比较有名，选择了江苏和贵州的两个地方。江苏的项目包括稻田养鱼、虾或蟹，是一个共生系统；贵州的项目则完全是养殖。这两个地方都非常有代表性，因为这两个地方的农业系统更传统，但当时没有找到太多证据。江苏的更现代化一些，包括栽培技术都是现代化的。我们选了这两个地方，写了很多材料，后来我把所有材料都发给了闵庆文老师。

我记得开始申请是在2003年9月11日，我刚才查了，确实是9月11日。9月11日我们在农业部开会，讨论农业技术推广改革的事情。我是做农业技术推广改革的，王建伟同志当时是浙江省农业厅科教处副处长，负责这一块。李立秋主任当时也在。会议结束后，我说我要赶紧回去，不能吃饭了。他问我干什么，我说要在晚上12点前提交申请，我告诉他，这是全球重要农业文化遗产。当时的名称和现在不一样，现在把ingenious一词去掉了。

当时王建伟处长问我："为什么不报浙江青田的稻田养鱼？我在青田当过科技副县长，那里有一千多年的历史，有很多证据。"我说那行，那你马上把相关资料和照片发给我。他马上就在会场给青田县张利勇打电话（张利勇是当时青田县农业局主持工作的副局长），叫他把相关证据和文字材料发给我。我回去后加了两段话，修改了相关内容。最后申报时选择了浙江青田和贵州从江两个县。

申报过程中有很多调研和搜集资料的工作。我们选择稻田养鱼是因为它在中国很普遍，在很多书里都有记载。我们做了很多工作，包括开会和搜集背景资料，我们的申请书里都有这些内容。

青田县申报后，他们担心会影响发展，我们做了很多工作，最后他们也接受了。钟秋毫副县长是负责农业的，也是我的校友。我和张利勇去找他，他也有这样的顾虑，我们解释后，他也接受了。农业文化遗产保护的文件正式批准后，我们才公开。"文化遗产"这个词是我们在后面加上的。当时申请时，我们咨询了梁洛辉和李文华老师的意见，最后确定了这个名称。后来，我们请了一些记者来解释为什么要申请全球重要农业文化遗产保护。

我记得应该是在秋天，我们接受了《浙江日报》的详细采访，谈了四五个小时。我们详细介绍了为什么要申报全球重要农业文化遗产，如它的来历、保护内容和保护方式等。

第二天，《浙江日报》全版刊发了这篇报道，可能有四五千字。我把我的项目申请书翻译过去，加上了我的观点，非常详细。这样，我们申报成功的消息就公开出去了。当时梁老师是联合国大学的项目官员，审批过程中遇到了不少麻烦，我跟他们说，这是对国家有利的事。最后，还好都批准了。批准后，我们准备挂牌，那个牌子是我们设计的，是梁老师和我想出来的。

2005年春节后，中科院院长路甬祥到地理资源所里调研，开会时讨论了三件事，其中一件就是世界遗产。我当时才知道中科院地理资源所有这方面的专业和人员。我和路院长提了一下，我们刚申请成功，但不知道如何操作。刘纪远所长说，李文华院士是做这个的。我就马上联系了李老师。

申报前，我们做了很多调研，了解了它的背景和科学性。农业文化遗产和其他遗产不一样，它涉及科学和文化，FAO的全球重要农业文化遗产强调动态保护，这个观点现在应该还在。农业文化遗产是个发展过程，但它要体现传统农业的思想和技术。现在很多人认为，既然是农业文化遗产，品种必须是原来的农家品种，这是错误的。它必须要发展，要适应当地经济。农业文化遗产的科学性和经济价值与其他文化遗产完全不同，它涉及生产政策，是国家经济政策的重要部分。农业文化遗产可以推广，为经济作出贡献，这与其他遗产完全不同。很多人没有理解，我认为这可能是最关键的问题。之后我几乎没有太多参与，尤其是在中国科学院工作阶段，我几乎没有时间参与。2011年我去了北美，之后参加了几次会议，这几年参加活动稍微多了一些。

梅　艳：那您参与农业文化遗产工作是从2003年开始到2011年吗？

胡瑞法：我从2003年开始参与相关工作，到2005年在这里挂牌。那时我要交接工作，包括与FAO的联系，以及与农业部的联系，都是我做的前期工作。2005年6月11日左右，我们在这里挂牌，6月14—15日，我需要答辩一个973项目，所以非常忙。我必须花时间准备答辩，那个项目有3000万元资金。能申请到973项目非常难得，我们院里非常重视，刘纪远所长也参与了。当时我的农遗申请任务差不多完成了，之后闵庆文老师做得非常好。我在许多会议上表态，我做不到这个程度，我不是这个专业的，闵老师是。闵老师的贡献非常大。2005年挂牌后，我参与的越来越少，之后就由闵老师接手了。

梅　艳：那么在2003—2005年的工作高峰期，有没有什么让您非常难忘的事？比如在与梁老师合作，或者与闵老师工作交接时？

胡瑞法：这是一件全新的事情。我记得我要找相关背景文件，但没找到，闵老师说有一个文件显示联合国教科文组织提出要保护世界文化遗产，其中也有农业类型。作为文化遗产，农业文化遗产保护是一个很大的机会，当时我们国家的文化遗产项目不多，浙江省非常重视。

当时地方政府不知道这是什么，所以非常谨慎。我说现在可以喊出去了，把媒体请来，我要把整个过程讲清楚，为什么要申请全球重要农业文化遗产。这样既可以提高大家的认识，也能显示它的重要性。报道后，来青田旅游的人越来越多了。

我们做每一项课题都非常重要。我认为这对国家、对科学发展非常重要，该做的时候把它做好，我们的任务就完成了，所以后来把工作交给闵老师，也是这个考虑。后续工作可能是我能力所不及的，他们专业的做得更好。

梅　艳：最后一个问题，您对我们现在的农业工作文化遗产有什么建议？

胡瑞法：我想在明天的会议上讲，还没有跟其他任何人讲过。全球重要农业文化遗产已经20年了，我们国家是最多的。这20年来，它起了什么作用？应该总结评估了。不仅仅是做项目总结，还要总结它对国家、对世界发展的作用。现在还没有做，下一步是要做的，不能只是申请。申请后，它对农业、科学、农民收入的贡献是什么？目前还没有具体的数据。

这个是需要我们进一步做的，你们也都要做这个。你要是做论文的话，要把这个说清楚，这是个很好的论文研究方向，你们今年就有必要去做这个评估。如果有必要的话，我可以作为你们的副导师。因为这里涉及政策评估、经济效果的评估，科学评估你们已经有很多了，对吧？但是政策评估、经济评估，你们可能没有做，这是需要做的。大家每年都喊农业文化遗产、农业文化遗产，这是一个什么遗产？保护以后，能得到什么好处？这个没有说清楚，现在到这个时候了。

这也可能是将来做好传承的相关工作，最起码可以对每一个项目来做个总结，来提供一下相关的数据。起码我们要有一个交代，对决策者有交代，对国家领导人有交代，对国家有交代，对FAO有交代。

2005年6月，闵庆文（左二）在龙现村调研
（闵庆文/提供）

我所知道的青田农遗申报与项目申报

2002年8月26日至9月4日，第一届可持续发展世界首脑会议在南非约翰内斯堡召开，这是继1992年在巴西里约热内卢举行的联合国环境与发展会议之后召开的又一次关于环境与可持续发展的重要会议，因此也被称为“里约+10”会议，其目的是全面审查和评价《21世纪议程》（1992年巴西里约热内卢召开会议通过的重要文件之一）执行情况，重振全球可持续发展伙伴关系。

正是在这次会议期间，FAO提出了“全球重要农业文化遗产”概念并发起了保护倡议（GIAHS Initiative）。从其概念和目的可以知道，这里的农业文化遗产就是我们所理解的“传统生态农业”。

非常有意思的是，由我的博士生导师李文华院士主编的*Agro-ecological Farming Systems in China*一书于2001年由Parthenon Publishing出版，《生态农业——中国可持续农业的理论与实践》于2003年由化学工业出版社出版。这两本书介绍了我国的一些典型生态农业实践，例如稻田养鱼、桑基鱼塘等，后面一本书还于2004年获得“第十四届中国图书奖”。我深度参与了这两本书的编写，还是后一本书的副主编之一。这样大家可能就会明白，为什么中国的第一个“全球重要农业文化遗产”是浙江青田稻鱼共生系统，作为生态学家的李文华院士和作为他的学生的我为什么会致力于农业文化遗产这一新的领域。

严格来说，青田稻鱼共生系统并没有经历当下漫长而艰难的“申遗”过程。

FAO于2002年提出“全球重要农业文化遗产”倡议后，即联系有关国际组织和国家政府，准备申请GEF中生物多样性领域的项目，除了要进行一般性的工作外，还要选择一批试点。在初步确定的试点中，考虑到地域和类型，就想初步选择高原农业、岛屿农业、绿洲农业、稻作梯田和稻田养鱼，并且希望把稻田养鱼的试点放在中国。当时在联合国大学（UNU）工作、曾在中科院地理资源所攻读硕士学位的梁洛辉先生参与了项目的准备工作，中国科学院中国农业政策研究中心的胡瑞法研究员负责中国试点的遴选工作。据说一开始考虑了江苏、贵州的几个地方，后因一个偶然的机会，在浙江省农业厅工作、曾经在青田县挂职科技副县长的王建伟先生得知此事后，向胡瑞法力荐青田县，并得到了青田县政府和农业局有关领导的积极响应。

“稻鱼共生系统”是一种典型的生态农业生产方式，在中国有2000多年的历史，在青田也已经持续了1300多年。我们没有使用“稻田养鱼”这种农业生产技术层面的表达，而采用了“稻鱼共生系统”这种似乎更加学术化的语言，是想强调这是一个融农业生产、社会文化、生态保护为一体的复合系统。在这一系统中，水稻和鱼形成了互利共生关系，即水稻为鱼类提供庇荫和食物，鱼则发挥松土增肥、提供氧气、吞食害虫等功能，促进水稻的生长，减少系统对外部化学物质的依赖，增加了生物多样性、保护了农田生态环境。不仅如此，种稻、养鱼等多样化的生产还提高了当地农民的就业机会，稻米和鱼类为人们提供了更为丰富而全面的食物营养；而长期的农业生产还衍生出鱼灯舞等非物质文化遗产和田鱼干炒粉干等具有鲜明地方特色的饮食文化，形成了山地森林—梯田—村落—河流复合生态景观。

经过一段时间的努力，青田稻鱼共生系统于2005年4月得到GIAHS项目协调员、时任FAO水土司司长、具有农业生态学背景的Parviz Koohafkan 先生的认可。2005年6月，在杭州市和青田县先后举行了项目启动研讨会和“全球重要农业文化遗产”授牌仪式，时任浙江省委书记专门为这一喜讯作了批示，农业部种植业司、国际合作司、农业技术推广中心有关领导，中科院及其地理资源所有关领导，中国工程院院士关君蔚、李文华，FAO驻华代表，中科院地理资源所、植物研究所，南京农业大学、浙江大学等高校和科研单位的专家，浙江省政府分管领导、农业厅领导以及丽水市和青田县领导参加了会议和仪式。

我也正是从这时起进入了这一领域，后来“越陷越深”。我带领团队先是开展了项目文本的编写，主要是制定保护与发展行动计划，内容包括中国作为试点国家所要开展的工作和青田作为遗产保护试点所需要开展的工作。这期间得到了农业部国际合作司和中科院地理资源所的大力支持。中间虽有波折，但GEF理事会于2008年正式批准了“全球重要农业文化遗产动态保护与适应性管理”项目，确定了项目执行期为2009—2013年（后延续至2014年6月）。按照项目计划，希望通过5年的努力，通过理论研究和试点示范，进一步完善GIAHS的内涵，确定GIAHS特征与价值评估方法、申报标准与认定程序，探索这一以活态性、动态性和系统性为主要特征的新的遗产类型动态保护与可持续管理的思路和方法，并向其他地区推广。2009年2月，我作为中国项目试点的负责人，在北京组织召开了中国项目试点启动会和研讨会，标志着正式进入项目实施阶段。

非常高兴的是，经过各方面的共同努力，我们所确定的打造一个具有世界先进水平和影响力的示范点、中国的GIAHS 项目点达到10个、启动中国重要农业文化遗产（China-NIAHS）发掘与保护工作并达到20个点的中国试点目标全面完成，2014年6月通过了有关专家的终期评估。

需要说明的是，青田稻鱼共生系统是正式获得“全球重要农业文化遗产”授牌的第一个项目试点，在FAO网站上标注的时间是“2005年”，而其他当时初步选择的项目试点均标注为“2011年”。因为在2011年6月于北京召开的“第三届GIAHS国际论坛”上，对此前及会议期间批准的新项目进行了统一授牌，这也是青田为什么有三块牌子的原因（其中我们于2011年授牌时为中国项目点制作了中英文两块牌子）。

青田不仅有三块牌子，而且2005年和2011年两次的授牌单位和项目名称还不一致。2005年的牌子是“全球重要农业文化遗产（Globally-important Ingenious Agricultural Heritage Systems，GIAHS），传统稻鱼共生农业系统（Traditional Rice-Fish Agriculture）”，授牌单位有联合国粮食及农业组织（FAO）、联合国发展计划署（UNDP）、全球环境基金（GEF）。2011 年的牌子是“全球重要农业文化遗产（Globally Important Agricultural Heritage Systems，GIAHS），青田稻鱼共生系统（Qingtian Rice-fish Culture System，China）”，授牌单位是联合国粮食及农业组织（FAO）和全球环境基金（GEF）。

除了前面提到的李文华院士、胡瑞法研究员、梁洛辉先生、王建伟先生以外，我们还应当记住为青田稻鱼共生系统的申报工作给予支持的时任青田县副县长钟秋毫、时任农业局副局长张利勇和王旭海。

2005年之后，无论是规划编制、价值分析还是群众动员、能力建设等方面，青田在没有先例可以学习、没有经验可供借鉴的情况下，与我们团队一道开始了保护与发展的探索和研究，并为中国和世界不断贡献着“青田方案”。2022年3月，在应邀为青田题词时，我这样写道：“稻鱼共生和谐天地人堪称农业文化遗产典范，世界青田连接海内外无愧共同富裕探路先锋。”

2005年以来，我和我的团队也把青田作为长期研究基地，我还被青田县人民政府聘为全球重要农业文化遗产保护与发展研究中心主任、青田县农业文化遗产保护与发展委员会顾问。

（节选自《纵横》，2023（2）：4-12。原题目为《“全球重要农业文化遗产”申报亲历记（上）》）

骆世明

2006年7月，骆世明在龙现村考察（骆世明/提供）

第一次到浙江青田考察稻田养鱼的感受

2006年，我受邀参加中科院地理资源所李文华院士在浙江青田组织的一次有关农业文化遗产的研讨会，我在会上做了题为《传统农业与可持续农业》的报告。李文华院士对我的发言很感兴趣，鼓励我写成论文。后来我以《传统农业精华与现代生态农业》为题在《地理研究》刊物上发表了论文（地理研究，2007，26（3）：610-614）。

会议期间，大家一起参观了青田县方山乡龙现村的稻田养鱼。龙现村是个比较偏僻的山村，绿水青山围绕，清澈的溪水从上而下流淌着，我们从下而上漫步进入了农田和村庄。靠近稻田，那以红黄色为基调、夹杂着黑白色斑纹的鲜艳田鱼很快就映入眼帘，这与过去我在广东看到的稻田里青灰色的鱼不同，因而很容易被看到。这些田鱼灵活地在稻丛间穿梭着。在村边的水塘中和水沟中都可以看到田鱼的身影，甚至在穿越祠堂而过的水中也可以看到活跃的田鱼群。村子里有不少小洋房，据介绍是旅欧华侨回乡建的，而且远在欧洲的亲人把能够吃到家乡出产的田鱼干作为排解乡愁的最好“解药”。看来稻田养鱼确实是历史久远、深得人心！

到了村委会，从二楼往下俯瞰稻田，我看到稻田中活跃的田鱼群，不仅在水里来回游动，而且还很喜欢碰撞水稻植株。我当时就想：这种费力气的“碰撞习惯动作”背后一定有其原因，而且很可能与取得食物回报有关。后来我把这个想法告诉了从事农业生态学研究的浙江大学陈欣教授。她后来组织团队认真开展了多年细致入微的观察，证实了这种碰撞能有效地把稻飞虱等水稻害虫抖下来。在水稻开花的季节，田鱼还可以把新鲜稻花（雄蕊）也抖下来，成为它们除了浮游生物、水生昆虫、田间杂草以外的“美味”。她们的研究成果后来登上了知名国际科学期刊（Xie，J，Hu LL，Tang JJ，Wu X，Li NN，Yuan YG，Yang HS，ZHang JE，Luo SM，Chen X. *Ecological mechanisms underlying the sustainability of the agricultural heritage rice-fish co-culture system*. *PNAS*，2011，108（50）：E1381-1387（SCI IF 10.591））。

（作者系农业农村部全球重要农业文化遗产专家委员会副主任委员，中国农学会农业文化遗产分会顾问，华南农业大学原校长、教授）

陈
欣

陈欣在青田田间调查（陈欣/提供）

稻鱼共生系统研究之旅，从青田出发……

生态系统中的物种如何共存一直是我感兴趣的焦点。2005年是我学术生涯的转折点。在那之前，我们实验室师生一直比较关注植物—植物和植物—微生物之间的相互作用。2005年那一年，“浙江青田稻鱼共生系统”被联合国粮农组织列入全球重要农业文化遗产。中科院地理资源所的李文华院士和闵庆文老师向我介绍了这一系统，并鼓励我开展研究。也同样是2005年，云南农业大学朱有勇教授作为首席科学家，主持了国家科技部973项目“农业生物多样性控制病害的效应、原理和方法”。时任华南农业大学校长的骆世明教授主持了其中的第六课题“农业生物多样性综合应用模式与方法”，而我作为研究骨干承担了其中子课题的研究任务“稻鱼共生模式”。至此，我们有了研究青田稻鱼共生系统的“第一桶金”，从此踏上了稻鱼共生系统研究的征程。回顾过去的20年，围绕稻鱼共生系统的效应、原理、保护与利用，我们从青田稻鱼共生系统走向了我国南方各地的稻鱼共生系统，从稻鱼共生系统走向全国稻渔综合种养系统。一路上，我领略了全球重要农业文化遗产的魅力，感受到了现代集约农业发展过程中传统农耕智慧散发的光芒。

青田稻鱼共生系统研究

2005年，我和硕士研究生王寒（女生）来到青田，被游动在绿色稻株下的一群活力四射的鱼群迷住了。龙现村的村民告诉我们，这就是青田田鱼，有各种颜色，田里、房前屋后的小水池都有分布。龙现村的村民还告诉我们，他们养鱼的稻田很少施用农药或不用农药。我当时冒出一个想法，意识到稻和鱼这两个物种共存于稻田越千年，其中必定有“好故事”。回到学校后，我开始查阅资料，写研究方案，先问“what”（稻鱼共生的效应），再问“why”（共生效应的机理），围绕“what”和“why”，设计出详细的农户调查和田间试验方案，2005年秋冬从农户调查开始了我们的研究。

2005年前后，我们实验室研究生人数很少，只有区区几人，还布局在不同的研究方向。于是我向湖南农业大学的屠乃美教授求援。屠老师很慷慨，把他最得意的学生谢坚送到了浙江大学。于是，谢坚和王寒成为我们开始研究稻鱼共生系统的第一批研究生。谢坚吃苦耐劳，王寒能说会道（善于和农民打交道），在龙现村的试验一做就是好多年。当然，每年一到插秧和收获的季节，实验室都是全员出动，到龙现村试验基地采样测定。

为了比较稻鱼共生系统和水稻单作系统在水稻产量稳定性、农药和化肥施用方面的差异，我们于2005—2010年，与没有大面积稻鱼共生系统的丽水市松阳县、莲都区的水稻单作系统作对照。在丽水市松阳县和莲都区等地的调查过程中，我们认识了很多朋友，得到了很明显的研究结果。但从生态学角度看，这样的比较研究方法没有科学上的说服力。于是，我们重新调整研究方案，以有稻鱼共生系统分布的青田县、景宁畲族自治县、永嘉县、瑞安市为样地，采用县－乡（镇）－村层次抽样法，进行“稻鱼共生系统vs水稻单作系统”成对样本比较，获取符合统计学验证的研究结果。用这种严谨的科学方法得到的结果，得到了国际同行的认可。记得有一年我们去参加美国生态学会年会，挂出了以“青田稻鱼共生系统研究”为主题的海报。海报上留下了不少留言，其中一位人类生态学家留言说，他要把这个有趣的故事写进他的教学案例。

从2010年开始，越来越多的硕士研究生和博士研究生加入到青田稻鱼系统的研究中。其中博士生任伟征同学选择了“青田田鱼遗传多样性及维持机理”作为他的博士论文选题。为了获得足够的田鱼样本，我们几乎走遍了浙南地区如青田县、永嘉县、瑞安市、景宁畲族自治县、龙泉市等县市所有有田鱼分布的村落。我们在采集田鱼样本的同时采访了当地60岁以上的村民，倾听他们讲述关于田鱼的故事。为了弄清田鱼的扩散和现代社会进程对田鱼遗传的影响，我们还到浙江金华、衢州等地和福建省武夷山地区采集田鱼样本，研究刻画出了青田田鱼遗传多样性的状态，并了解到传统农民如何通过繁育鱼苗和散发鱼苗推动种质交流和带动基因交流。伟征同学一干就是8年。他因独特的实验设计和严谨的研究方法取得了重要的研究结果，2018年投稿到《美国国家科学院院报》(*PNAS*)。一位评审专家写道："作者通过深入实际，巧妙而敏感地提出科学假设，并能够通过与假设对应的最新方法设计实验，包括分子生物学方法在基因多样性的运用、摄像装置与同位素标记在行为与食性差异的运用、地理信息科学和统计学在鱼种交流中的作用等，设计巧妙而完整，研究结果让人大开眼界，意义不同寻常。"

2013年，在龙现村长期原位观测的基础上和时任仁庄镇党委书记傅勇毅同志的大力支持下，我们开始在仁庄镇建立长期定位观测试验，并创建了浙江省第一个设置在乡镇的博士后工作站；之后又在景宁畲族自治县建立了浙江省第一个设置在少数民族县的博士后工作站，围绕田鱼开展了更深入的研究。

从青田到中国南方的稻鱼共生系统

青田稻鱼共生是偶然还是必然？带着这一问题，我们开始对分布在浙江、福建、贵州、广西、云南、重庆、四川、湖南、江西、广东这10个南方省份的传统稻鱼共生系统进行调查、取样和分析，看到了很多传统相似的稻鱼共生系统，得到很多田鱼样本，如福建武夷山市的稻花鱼、湖南辰溪县的稻花鲤、广东连山壮族瑶族自治县的禾花鱼、广西全州县的禾花鲤、广西三江侗族自治县的晒江鲤、广西融水苗族自治县的金背鲤、广西靖西市的乌背鲤、广西那坡县的橘红鲤、贵州从江县和台江县的田鱼等，分析后发现其表型的多样性和遗传多样性。在广泛的农户调查中，我们也品尝到了各具民族特色的田鱼美食，如从江、三江融水一带的酸汤鱼、腌酸鱼和生鱼片，全州的油炸香酥和禾花鱼等，深深地为民族农耕文化与饮食文化的博大精深而折服。

在研究南方稻鱼共生系统的过程中，我们挖掘到了广西桂西北独特的稻鱼农耕文化。在广西壮族自治区农业农村厅的大力支持下，我们和中科院地理资源所刘某承老师团队、广西壮族自治区水产技术推广站等单位通力合作，通过层层申报和评选，促成"广西桂西北山地稻鱼复合系统"于2021年被列入中国重要农业文化遗产。

南方稻鱼共生系统研究之旅，有惊喜也有惊险。记得那是2019年5月31日，我带团队在湖南省怀化市辰溪县仙人湾瑶族乡的稻田里采样。天刚下过雨，坡上很滑，我一不小心滑了一跤，导致骨折，昏迷后醒来才觉得疼痛万分。碎裂的踝骨经历了一年左右才愈合。2023年我故地重游，辰溪县乡里的村民居然还记得我，还说，我摔跤的坡路修好了，下雨天再也不会打滑啦。

从稻鱼共生系统到现代稻渔综合种养的多样化模式

记得大约是2012年，时任全国水产技术推广总站副站长的李可心先生到杭州出差，专门来到我办公室，和我们一起聊稻鱼共生。由此开始，我认识了很多水产领域的专家和技术推广人员，并很荣幸地和他们一道推进中国稻鱼共生产业和现代稻渔综合种养的发展。从地方标准到行业标准再到国家标准，我们通过参与标准规范的编制，积极服务于国家稻渔综合种养产业的健康发展。从三北地区（东北、西北、华北）的“稻－蟹”模式到长江中下游地区（湖北、安徽、江苏、浙江、湖南、江西等）的“稻－小龙虾”模式，再到南方地区的“稻－鳖”“稻－螺”和“稻－鳅”模式等，我国稻渔综合种养产业蓬勃发展，在稳粮增收、振兴乡村等方面发挥了积极作用。

在浙江省桐乡市崇福镇人民政府的支持下，自2018年起，我们在浙北地区桐乡市建立了现代稻渔生态种养研究基地。从此，浙北平原地区桐乡的稻渔生态种养基地与浙西南山区的青田稻鱼共生基地遥相呼应，将全球重要农业文化遗产系统的智慧融入到现代稻渔生态种养产业中。

（作者现为浙江大学生命科学学院生态学系教授、中国农学会农业文化遗产分会常务委员）

2007年5月，唐建军（前排右四）陪同美国专家在青田考察（唐建军/提供）

我和青田稻鱼共生二三事

研究农业生态系统中生物之间的相互关系及其生态学功能，一直是浙江大学生命科学学院生物间关系及农业生态实验室（以下简称101实验室）重点关注的研究领域。从2005年“浙江青田稻鱼共生系统”被选为全球重要农业文化遗产起，我作为101实验室的成员之一，一直和全体师生一起，持续研究稻鱼共生生态学达20年，其间经历，不乏甘苦并俱、五味杂陈。现随手拈来记忆中的几件过往小事，小小感慨一番。

一次挂职经历及其间的一次接待

2007年以前，我一直算是一个比较特立独行的教育、科研工作者。101实验室从2005年起正式开始青田稻鱼共生系统的生态学研究，对青田的生产实际情况了解得也差不多了，严密规范的田间试验也有序开展起来了。2007年4月，我主动申请并接受浙江大学组织部门的委派，到丽水市发展和改革委员会（以下简称发改委）挂职工作一年，参与发改委面向全市的资源与环境工作。其中不可言传的“秘密”就是我的挂职动因，并不是我要转行去“做官”什么的，而是想趁挂职丽水市发改委的工作便利，对整个浙西南丽水市诸县的稻鱼共生产业整体状况做个全面的调研了解。这也是我为什么没有选择挂职青田县或者其他哪个县的县长助理的原因，因为我知道，那样的话活动范围只能局限在某个县里。有了丽水市的挂职机会，我就借工作方便（其实也是我挂职岗位的工作职责之一），和实验室的其他师生去了景宁、龙泉、云和、松阳、莲都等县市，为调研和取样研究获取了些许便利。

挂职工作始于2007年4月1日，2008年3月31日结束。2007年5月24日，舒尔茨教授带队的美国阿利桑那大学师生代表团一行8人，慕名来到青田县龙现村，和浙江大学师生团队一起，共同调研稻鱼共生系统与传统农作对中国农村发展和农民生活的影响。之所以能比较肯定地说他们是“慕名而来”，是因为我曾在2006年5—6月带领浙江大学本科生去美国实施浙江大学、香港中文大学、美国密苏里大学圣路易斯分校三校联合开设的“萌芽学者学术交流计划”国际课程，看到多位美国师生对中国稻鱼共生故事只是略微了解，对稻鱼共生系统如何有利于农田系统的可持续发展机制问题心存困惑，从而对遥远东方神秘国度里千年传承的农作方法很好奇。舒尔茨一行看到稻田里的田鱼群密度并不是很高却五彩斑斓时，他们感到很疑惑。这让我想到了表观多样性背后一定有很多文章可做。2018年，101实验室在《美国国家科学院院刊》再次发表与青田稻鱼共生有关的论文。这篇论文就是紧紧围绕田鱼表观多样性背景的遗传多样性及其生态意义的系统研究取得的部分结果。

一张被广泛传播的照片

20年前的青田县龙现村，可谓是一个安安静静的“世外桃源”。那时的村庄，没有今天那么多的高楼别墅。石头垒就的旧民房、两层楼的新式建筑，是当时的主流建筑。虽然没有那么奢华气派，却是南方山区小山村的典型模样。龙现村位于群山环抱之中，整个村庄坐落在一个集水区的山坞当中，村口为繁茂的水口林所阻挡，面朝东北方向，全村四面被山峦包围，村东山坡上梯田连连，如同玉带一般。盛夏的龙现村，蓝天白云，梯田中稻禾苗壮，田中鱼儿穿行，时不时撞击着稻株，引得稻株沙沙作响，加上夏日蝉鸣……站在田头，抬头远望，不禁令人心旷神怡。

2007年7月的一天上午，天气晴朗，万里无云，能见度极好。我和研究生谢坚携带着数码相机，沿着村口西北侧方向越过一道山岗，穿过鳞次栉比的梯田，来到了距龙现村委会西北11点钟方向直线距离约1公里的半山腰陡峭崖台上，朝着南面略东方向的龙现村庄及村东梯田，咔嚓一声，按下了快门。好一个“世外桃源”，真是一片山村美景。2020年7月29日上午，我又带着博士生季子钧再次登临故地，在差不多时段的相近位置再次拍摄，却因天公不作美，雾气朦胧，所拍照片差强人意。回程路上，季子钧一脚踩空，垂直掉入路侧数米深涧，所幸由于枝丫的阻挡，并未造成身体伤害。略显遗憾的是，13年后的龙现村，四层楼以上的高层建筑已经比比皆是，再也没有之前山村风光特有的韵味了。2007年我和谢坚拍下的这张照片，登上了2011年12月13日的《美国国家科学院院刊》，还在两位欧美学者的同期评论文章中被引用，并成为《生态学研究进展——王兆骞教授农业生态学学术思想研讨会文集》一书的封面照片。

2007年时的青田县龙现村美景（唐建军/提供）

一门别出心裁的“野外生态学”课程

“野外生态学”是浙江大学生态学本科专业课程，由101实验室于2020年首创后年年开课并传延至今。之所以说其别出心裁，是因为它和生态学其他课程很不一样：这门课创建伊始，就以拓展学生视野为主要目的，强调选课学生要增强对生态系统类型在景观层次上的认识。2022年8月，包括浙江大学强基计划生态专业首期学生及国际留学生在内的20多名选课学生，在陈欣、唐建军、胡亮亮、赵璐峰、何磊及周文武等任课老师带队下前往青田县龙现村，在那里住了约一周时间。除了接受云南大学、华东师范大学名师讲座和青田县当地专家的现场指导及本校多位生态学老师的具体训练外，全体师生还对青田县龙现村农田生物多样性进行了相隔12年后的再次全面调查研究。通过理论、实践、调研、测定，学生们不仅对青田稻鱼系统及周边生境的生物多样性保育情况及其生态学意义有了深刻了解，还产出了一些科研成果并在核心刊物上发表。“野外生态学”这门课程的独特教学方式，曾被当地电视台报道，之后还得以在“学习强国”平台上进行宣传。

（作者现为浙江大学生命科学学院生态研究所教授、中国生态学学会科普工作委员会常务副主任）

2005年9月，孙业红（左）和郑召霞第一次到青田调研（孙业红/提供）

我的科研之路青田起步

每个人的人生都有几个重要的转折点，遇到农业文化遗产项目想来应该是我人生最大的转折点了。在此之前，我只是一个不知道未来要做什么的硕士一年级学生。

2005年，闵庆文老师一个电话，让我从济南来到北京，从此开始了真正的研究生涯。至今依稀记得，电话内容非常简洁，大概就是这边有一个农业文化遗产项目，希望我能一起参加并在此基础上完成硕士论文。说实话，那时我并不知道什么是农业文化遗产，甚至听都没有听过，只知道新的学习生涯要开始了。于是就这样懵懂又忐忑地来到了中科院地理资源所。

进所之后正赶上所里在筹备成立中科院地理资源所自然与文化遗产研究中心，需要准备很多前期材料，加上要了解联合国粮农组织很多前期项目资料，于是我的每一天几乎都是在阅读大量中英文资料中度过的。那时团队中每个人都有自己的研究任务，貌似就我一个人集中在农业文化遗产项目上，但因为师姐们的研究都是资源生态、生态系统服务等相关内容，我也在每周例会上了解了农业文化遗产和生态农业、生态系统服务、生态补偿、资源流动与可持续利用等多个领域的关系，以及他们每个人专注的研究内容，也恶补了很多生态学、资源科学和生态农业的相关知识，这为我后来进行农业文化遗产保护研究以及用综合学科的思维来思考旅游相关问题打下了良好的基础，也成为我一生的重要财富。

2005年至今，我去过青田的次数有十几次。第一次与它见面是在2005年10月。第一次到青田调研是在我到地理资源所的第一个国庆节假期。选择国庆节假期是因为那会儿游客多，闵老师希望我能结合项目资料收集需求并按照硕士论文的要求做一轮调研。这一次调研还有个重要任务，就是要收集完成青田县申报全球环境基金的项目申报书的撰写内容，这是中国第一个全球重要农业文化遗产试点实施方案的申报书。现在想来，这个任务可太重要了！只是当时身为硕士生的我，哪能知道未来中国的农业文化遗产事业能从这里走向全中国乃至全世界！这次调研收集的资料，也成为农业文化遗产事业最核心的开端性内容。

第一次调研，我和我的同门郑召霞足足坐了将近30个小时的绿皮火车才到达青田县城。我们两个山东人，都是第一次到离家如此远的地方，充满了好奇和不安。接应我们的是青田县农业局副局长王旭海。王局是一个略显腼腆的人，非常平易近人。当天他就把我们带到一个离县城半小时车程、名叫龙现村的小村子，也就是我们要调研的村——全球重要农业文化遗产项目申报的核心村。这是一个典型的江南小村，村里有一条很大的沟，当地人称之为大溪。山上的泉水穿村而过，也经过村里无数条小水渠，所以全村总是回荡着哗啦啦的水声。入村后就看到一层层梯田，正赶上10月收稻谷的时节，整个村里都是一片丰收的场景，显得热闹异常。我们还在村口看到了费孝通先生题写的“中国田鱼村”五个大字，路两边都是记载当地华侨捐款所立的石碑。村里房子多是石头盖的，也有些木制的老房子，但也不多了。村口有一个小庙，是当地人的土地庙。村口的田鱼广场上有一个大大的石雕田鱼，据说那就是因为这个项目所立的。村里的房子很有特点，房前屋后都是水塘，水塘上有架子，挂满了不同的蔬菜，和北方的小村相比多了不少灵气。

负责接应我们的是退休后回村的村党支部书记吴亮镕，还有副村长吴伯忠。老书记把我们带到半山腰的龙源山庄住下来。这里平常是接待游客吃饭的地方，几乎没有人来住宿，但在建房的时候也留出了几间空余的房间备用。虽然条件简陋，但住人没有问题，吃饭也方便。龙源山庄边上就是奇云山上流下来的泉水，形成了一个大大的池塘，池塘里养了很多五颜六色的鱼。周末时龙现村会接待不少来自温州、丽水等地的游客，他们不住宿，主要就是来吃鱼和享受乡村环境的。他们爱吃的鱼叫作田鱼，那会儿我们还不知道此次要调研的主角之一就是田鱼。

安顿好以后，吴村长就带着我们挨家挨户去收集信息，包括每家水稻和鱼的种养情况、村里的主要自然与文化资源、居民情况、旅游发展情况等。因为当地人都说方言，我们只能靠着吴村长一家一家给我们做翻译。就这样我们整整调研了半个月才把基本情况都摸得差不多了。在这个过程中，我们也和村民们慢慢熟悉了起来。

龙现村是个“联合国村”，很多村民都有亲戚在国外。他们除了靠自己种稻养鱼外，国外亲戚寄回国的补贴也是很大一部分收入来源。因此，龙现村的村民生活水平普遍都比较高，各家都有进口的巧克力、酒等。可能也正是因为有这种优势，他们才没有大规模使用现代化农业技术，不追求稻鱼产量，从而才更好地保持了稻鱼共生系统的传统性。

龙现村种田大户杨民康家原来是贫困户，其爱人伍丽贞是从金华嫁过来的，口才很好，在杭州召开的全球重要农业文化遗产项目启动大会上做了发言，是典型的妇女能手。两口子租下村口的小屋做了个渔家乐，依靠祖传的田鱼干加工技术，成了村里的旅游接待大户。游客们喜欢到他家吃饭，买他家的田鱼干。后来几次调研我都住在他家，亲切地叫他们杨老板和老板娘。他们每次见到我都像自家孩子一样招待和呵护，让我觉得非常温暖。青田县农业局对老杨家也很扶持，所以没几年老杨就脱贫致富，成了靠农业文化遗产致富的典型代表。杨老板有一儿一女，我做问卷调查的时候他们也很帮忙，所以我们有一段短暂的友谊。后来他们也都去了国外，就没再见过。据说他们每年都回来，但不凑巧我每次过去时他们都不在，还挺想他们的。

吴伯忠和老伴住在村里，孩子也在国外。我叫他老吴，感觉很亲切，这些年一直都这样叫。龙现村辖两个自然村，分别是街路头自然村和龙现自然村。街路头村基本都姓杨；龙现村基本都姓吴，村里有专门的吴氏宗祠，是省级文物保护单位，里面供奉着吴氏祖先，是村里的精神圣地，同时也为村里的旅游提供了重要资源。老吴经常问，你下次什么时候会来？感觉就像嘱咐离家的孩子，让我觉得特别温暖。现在我每次到龙现村，都会先问候老吴。他叫我孙教授，我说不要这么叫，多生分，他就笑着说当年你是学生，现在可不能再叫你小孙了，得叫孙教授。我说不要，他就笑，像极了阔别多年的亲人。

2005年10月调研期间，我和郑召霞在龙现村遇到了人生中的第一次台风。记得台风的名字叫做“龙王”。大风带来了大雨，大雨顺着村里的大溪呼啸而下，也逼近了我们住的龙源山庄。哗哗的大水像黄河壶口瀑布一样从山上冲下来，我俩吓得不知如何是好，躲在房间里，一晚上都没怎么睡好。第二天台风过去了，天气立刻变得晴朗了起来，有些鱼被大水冲到了大溪的下游，大部分竟然还都在！真的是非常神奇。大雨过后的龙现村又恢复了往日的平静，大家似乎也习惯了这不多久就来一次的台风，广场上又坐满了老爷爷老奶奶，大家一起出来呼吸雨后的新鲜空气，很是惬意。稻子已经基本收完，田里的鱼也都进了水塘，好在没有影响收获。村里人讲，台风会带来危害，要是时间不合适，对收成影响很大。这次虽然风大雨大，但总体上还好。作为经历过的第一场大台风，“龙王”这个名字深深地刻在了我的记忆里，当时的害怕如今也慢慢变成了有意思的回忆，每每说起，都感觉耳边还响着呼啸而过的大水声。

2006年，因为要做青田县的农业文化遗产保护与发展规划，我们团队里所有成员都来了，每一个人都有任务分工，人多力量大。作为之前来过的“先头兵”，我对青田的情况了解更多一些，所以自然就成了这次调研的主要学生负责人。如今已经是编辑部主任的耿艳辉师姐、已经是教授的秦向东师兄、已经是校领导的李永乐师兄，还有来自北京师范大学、南京农业大学等好几个外来单位的助力人员，当时都参与了这项工作，多日的共同调研也加深了我们的情谊。

调研中发生了很多有意思的事情，让人记忆深刻的有在近30个小时火车上的开心畅聊、打牌、欢笑，也有调研途中遇到困难时的互相鼓励，最让人“肉疼”的记忆应该是耿师姐被车门夹伤的手指和李永乐师兄多年都甩不掉的歉意。后来，我们每次提及这次出差时都会提到这件事，它成了20年来我们记忆中褪不去的青春回忆。

2008年，做博士论文调研，我还带了一个来自比利时鲁汶大学的硕士小姑娘到龙现村。她是我在鲁汶大学访学期间Dominique Vanneste教授的一名硕士研究生，因为对中国感兴趣，就来到了中国。这是她第一次到中国，更是第一次到中国的农村，对一切都感到很陌生。本来以为的美好在到达龙现村几天之后开始让她难过。因为吃得不太合口味，又住在村里，她出现了较为严重的不适应症状。最让她难受的是她一句中文也听不懂，而她又选择了一种定性研究的方法，需要和调研对象的大量交流。白天，我作为她的翻译陪她到农户家去访谈，到了晚上，把她录好的调研内容再翻译成英文。几天之后她就发现这些数据对她的研究来讲可能问题比较大，因为当年我的访谈经验还没有那么充足，获得的数据信息比较有限。有一天晚上，我听见她偷偷在哭。但她还是坚强地继续坚持了半个多月，完成了所有的调研，并回到比利时完成了她的硕士论文。人生中总会遇到各种困难，每个困难都是我们成长过程中的财富。我想，之后想起在中国的这段经历，她也会觉得是一种财富吧。

我在调研的过程中遇到了很多朋友，比如浙江大学的谢坚、王寒等，他们都是陈欣教授的学生，会定时到龙现村做田间实验，对比稻田养鱼中传统品种和杂交品种的差异，对比不同种植方式（施肥打药和不施肥不打药）等的各种不同。因为杭州距离青田比较近，所以他们有明显的地理优势，能够时常去村里收集试验数据。他们坚持做了好几年试验，积累了很多有效数据，最终成果也发表在级别很高的国际期刊上，很让人羡慕。我当时主要采集居民数据，通常晚上要入户访谈、做问卷，浙江大学的朋友也会帮忙一起做，让我在黑黑的山路上没有那么害怕。现在想来真的非常感谢他们。这些调研过程中的朋友也是我人生中的重要财富。

后来，我到北京联合大学工作，申报基金和研究项目时，总是会第一个想到青田，指导学生论文也有好几个把研究点选在了青田，因此还会带着学生们经常回到龙现村。那些学生也因为我受到了村里人的礼遇，因为大家都知道孙老师就是当年那个老去调研的学生。我们希望能够通过持续的研究让更多人认识小小的龙现村，让更多人认识中国第一个全球重要农业文化遗产，见识到农业文化遗产地的美、分享稻田养鱼的智慧，也能让更多村民有意愿参与到农业文化遗产旅游中去。我想，未来我还会再回到龙现村，因为那里有我熟悉的村民们，那里有还记得我名字的很多人，真心希望未来在农业文化遗产保护和持续利用中看到他们更多的笑脸。

（作者现为北京联合大学旅游学院副院长、教授，中国农学会农业文化遗产分会副主任委员）

郑召霞

2005年11月，郑召霞在龙现村调研（郑召霞/提供）

青田调研印象

闵庆文老师发来信息，希望我能把青田申遗与保护利用过程中的一些亲身经历写出来，这也给我了一个难得的回忆的机会。二十年弹指一瞬间，回首过往，跟其他同门相比，我只是在农业文化遗产保护工作刚开始起步的时候参与了一点，后来没有继续开展相关的工作，因此，我写的大多是当时的体会和感想。

2005年10月，刚从中国科学院研究生院回到地理资源所不久，闵老师派我跟孙业红到青田县调研。那是我第一次听说农业文化遗产的概念，之前也只是从李文华先生的《生态农业——中国可持续农业的理论与实践》等著作里学习到一些生态农业方面的知识。出生于农村的我，当时还颇有些不理解，传统农业又累又没效益，农业现代化是必然之路，进行保护的意义何在呢？

我们从北京出发，坐了近30个小时的绿皮火车到达青田县。火车驶入丽水市的很长一段时间里，一直在伴江而行，窗外风景美如山水画。之后我们转乘汽车到龙现村，走的全是山路啊！汽车弯过一座山还是一座山，弯过一座山还是一座山，不知道弯了多少道，终于到了群山环绕的一片梯田中的小村庄——龙现村。路上，农业局副局长王旭海给我们介绍了青田当地的情况，用了一个很形象的词“九山半水半分田”，真是恰如其分。当时村里的老党支部书记吴亮镕安排我们在龙源山庄住了半个月，每天也在那里吃饭。印象最深刻的是早餐中的田鱼干炒河粉，非常美味而有特色。

农业局的一位女同志陪我们调研，具体的调研内容已经记不太清楚了，大概是收集一些基础的情况资料。我们在村头田边跟村民们了解情况，因青田方言特别难懂，开始的时候几乎一个字也听不懂。神奇的是，两个星期过后，我们基本都能听懂了。当时的龙现村，面临着当时大多数农村面临的“谁来种地”的难题，甚至还更严重。因为这里是侨乡，年轻人都去国外闯荡生活了，种地只能依靠60岁以上的老人，他们有较深的土地情结，虽然成本很高，部分老人还是会自己或者雇人种田（村里有一家安徽的外来户，专门提供短工，每天每人收入100多元），所以村子里稻田养鱼还能比较完整地保留着。印象深刻的是村民对稻鱼的介绍：过去，田鱼便宜、稻米珍贵，4斤田鱼换1斤酒；现在，田鱼珍贵、稻米便宜，1斤田鱼换4斤酒。

调研之余，我们也把整个村子走了个遍。在我一个北方低山丘陵地区长大的人看来，龙现村真是一个神奇的地方啊。山顶是郁郁葱葱的杉树和竹林，山腰依山势修建了层层的梯田。不同层之间的梯田田埂上插着竹管，山里的溪水日夜不断地通过竹管从梯田顶层哗哗地一层一层流下来，灌溉着稻浪翻滚的田野。稻丛之间游弋着一条条红通通的田鱼，比观赏用的金鱼还鲜活漂亮，既能收获稻谷，还能吃到新鲜的鱼儿，真是奇妙。龙现村坐落在梯田的中间，村旁有一条大溪，溪水奔腾。村中有几条小溪，溪水缓缓流过家家户户的门前，常有人直接在里面淘米、洗菜。很多人家门前还留着水池养着鱼，家里的剩饭直接用来喂鱼。村里不少人家盖起了小洋楼，但也有很多上百年的老房子完整地保留着。

在这里，我深刻体会到了传统农业“天人合一”的思想。遥想1000多年前，先辈们不断迁徙，寻找栖息之地，最终义无反顾地走进浙南这一片崇山峻岭中。他们筚路蓝缕，在这一片近乎绝地之中，用一把把短锄开垦出梯田，种上水稻，养起田鱼，建起了家园。在这里，他们不断寻求人与自然的和谐相处之道，用自己的智慧、勤劳和坚忍，不但实现了丰衣足食，还实现了千年传承，给我们留下了这一片桃源之地。

2005年11月，我和同门又随闵老师到了青田，主要是做保护规划方面的工作。这一次我对“稻鱼共生系统”进行了比较全面的调研。我们还去了别具特色的青田县城。印象中那里各国风格的建筑林立，遍地都是咖啡店、面包房和红酒店，繁华且颇具国际化韵味。

之后十几年，我虽然没有从事相关的工作，但也一直通过各种渠道关注着青田和农业文化遗产事业的发展，了解到青田通过开发稻鱼产品、农遗研学、文旅产品等实现了“稻鱼共生系统”全球重要农业文化遗产在保护利用中的传承和发展。

2025年3月，我又去了浙江。一路上，从余姚到宁波、杭州，我深切感受到，这是一片科技创新的热土，工业经济蓬勃发展。整个地区已经变成连成一体的城市，几乎每个乡村都有工厂，每个乡镇都有自己的特色产业，山地已经退耕为林地，有一些菜地点缀其间。此外，过去二十多年，受机械化、劳动力成本和比较效益等影响，我国的粮食供应也从“南粮北调”转变成了“北粮南运”。如果没有闵老师等专家们的努力，也许我们今天已经看不到“稻鱼共生系统”等全球重要农业文化遗产啦。

是的，过去二十多年，我国的城市化和工业化飞速发展，传统的农业生产方式正在不断消失，农业现代化水平不断提高，这是历史的必然，是我们全面建成社会主义现代化强国的必由之路。但是，我们也需要保护好宝贵的农业文化遗产，保留其中蕴含的智慧，保留它们的美丽景观，也保留我们记忆中的故乡。

“此心安处是吾乡”，当我们都已经融入现代化的城市生活，回望来时路，我们还能找到心灵归属的地方，感谢全球重要农业文化遗产！

（作者现为中国工程学院一局农业学部办公室二级调研员）

2005年11月，耿艳辉在龙现村调研（耿艳辉/提供）

青田调研点滴

2003年我来北京读研，跟随闵庆文老师学习，荣幸地成为闵老师学生中最早接触农业文化遗产项目的学生之一。

最早接触“农业文化遗产”这个名字，我很懵懂，觉得我们这个专业和“遗产”有什么关系呢？后来，闵老师组织了几次研讨会，安排我们坐在后面听，我慢慢就了解了。记得当时闵老师还组织大家翻译了一些联合国粮农组织的文件，分配给我的内容里有一部分是关于利益相关方的阐述，我对这个概念及相关的分析思路感到很新奇。

2005年底，闵老师开始带着大家做青田稻鱼共生系统这个农业文化遗产的保护与发展规划。我很清晰地记得闵老师跟我们讲，说他跟青田说了，现在要停止一切开发活动，等我们这个规划出台，青田今后要按照规划实行动态保护，要在动态保护中发展。当时我感觉我们做的是一件很大的事情。

2005年11月中旬，闵老师带队去青田考察。参加这次考察的有几位老师和七八个学生，大家的专业不同，有的是资源生态、有的是旅游、有的是计算机。我之前做过一些区域规划，但是农业文化遗产保护规划怎么做并不清楚，所以心里也还是打鼓的。

到青田后，闵老师带领我们和当地政府人员、农户座谈，实地考察当地情况。慢慢地，我们全方位了解了青田的情况。由于参加考察的老师和同学都来自不同专业，所以我就有机会听听其他专业同学的想法。我很喜欢这种边考察边讨论的形式。青春的我们，一路上总是笑声不断。

其间，还发生了一件让大家后来每每谈起这次考察都会提到的事件：我“痛失”了一个手指甲。记得当时情形是这样的：开完座谈会我准备上面包车后座的时候，由于在想座谈内容走了神，把手扶在了前座车框，而坐在前座的李永乐师兄，正和另一位师兄就刚才座谈的内容聊得热烈，看也没看就使劲关了车门，导致我的手被夹到了。很多年过去后，虽然我们都知道那是意外，但李师兄还常常觉得愧疚。每次相聚的时候，大家都会笑谈那次青田考察不仅流汗，还流血流泪。这只是当时的一个小插曲，并没有影响我们的考察进度，我也坚持考察完后才和大家一起回到北京。

师妹师弟们会在我们相聚时讲述他们在农业文化遗产考察过程中的各种类似的小故事，比如遭遇洪水，比如在当地水土不服腹泻不止，等等，每次都讲得哈哈大笑。这些考察中的苦对我们来说也是乐。记得以前闵老师和他的老师李文华院士有时会给我们学生讲他们求学的故事、科学考察的故事，以及科研过程中的体会等，这些都潜移默化地对我们有积极的影响。

青田回来后，我结合闵老师让我翻译的粮农组织材料中关于“利益相关方”的阐述，在老师的指导下，完成了我负责的那部分规划内容，并据此完成了一篇小论文《多方参与机制在GIAHS保护中的应用——以青田县稻鱼共生系统保护为例》，发表在《古今农业》上。

后来，闵老师还组织联合国粮农组织人员、农业部领导、中科院地理资源所的领导去青田考察，召开研讨会，我先后参与了一些会议的服务工作。

由于我的毕业论文依托于另外一个科研项目，所以后来我就没再过多地参与这个项目。毕业后的很多年里，我看到闵老师带领着师妹师弟们一直在这个领域深耕。我很钦佩老师可以二十年如一日只专注于这一件事情，从零到一、逐步发展，一直做到现在有这样大的影响力。奋楫笃行，臻于至善，农业文化遗产项目不但给当地农户生活带来了很大改变，也受到了各级政府乃至国家的认可和支持。尽管我参与的工作极少，但也因为参与过这个项目而觉得非常幸运。

（作者现为《地球信息科学学报》专职副主编、编辑部主任，副编审）

2005年11月，李永乐在龙现村调研（李永乐/提供）

难忘的青田规划调研

由于工作需要，我于2005年9月进入中科院地理资源所在职全脱产攻读博士研究生学位，非常幸运地赶上了李文华院士和闵庆文老师带领的“浙江青田稻鱼共生系统”的保护利用相关理论研究和实践工作。

在我入学之前，李院士和闵老师已经参与“浙江青田稻鱼共生系统”这一于2005年6月入选全球重要农业文化遗产项目的工作。当时李院士和闵老师非常敏锐地发现这是一个非常有意义和有前景的学科研究和实践应用新领域，将会对学术研究和我国的农业、生态、旅游、乡村振兴等领域产生重要影响，便率领我们这些硕士生和博士生投入到相关工作中。至今，近20年的工作历程证实了李先生和闵老师的远见卓识。

当时闵老师邀请我参加这个项目，我感到非常荣幸。我在原单位（徐州师范大学，现江苏师范大学）讲授的课程包括《世界文化遗产与旅游》等，我感到这是一个新的世界遗产类型，可以借此拓展我的教学和研究领域，便欣然应允。

由于李院士和闵老师的敏锐意识，我国是最早响应并积极参加全球重要农业文化遗产项目的国家之一，并在项目执行中发挥了重要作用。“浙江青田稻鱼共生系统”是中国首个、世界首批全球重要农业文化遗产项目。我参加的就是这个项目。

我跟随团队多次赴浙江省青田县参加调研工作，记得有次在那里呆了大约两周时间，走访了县里面各个部门，访谈了各个方面的老同志和龙现村村民，搜集到了大量宝贵的第一手资料，包括口述录音、测绘图、地形图、县志、乡镇志、村志、照片等。我们田野调查期间，跟村民同吃同住。村民的自建房挑高是比较高的，记得我是睡在村民家里上层搭建的铺上，感觉像是回到了小时候在农村的生活。有一次睡觉还差点滚落下来，还有一次睡觉时见到有老鼠光顾。在农村，老鼠是和人类共同生活的物种，我小时候在农村长大，早已司空见惯，估计现在的95后、00后等，特别是在城市中长大的孩子，见到此情形恐怕要将其视为一道景观了。

和村民朝夕相处，我们相互之间已经非常熟悉。我有在农村生活的经验，小时候每天看着妈妈用柴火在灶台边烧火做饭，因此有时我会帮房东用柴火烧火做饭。村民说“没想到北京来的博士还会用我们的炉灶烧火做饭”，这也拉近了我们和当地村民的距离，有利于调查工作的顺利开展。

回忆当年的调查工作，团队成员们每天早出晚归，白天调研，晚上回来整理资料，相互之间结下了深厚的友谊。耿艳辉、孙业红、张丹等帮我发了很多问卷，很惭愧从来没有正式感谢过她们。

有一件令我至今想起还会在身体和心理上产生强烈“疼痛感”的事情，偏偏这件事情还是因为我的不小心操作而发生的。在青田考察期间，我们一行乘坐的汽车是侧面推拉门，那时还不是自动的，需要手动关闭。由于我的鲁莽操作，在使劲关门的时候，没有注意到同班同学耿艳辉的手还在车门边上，我猛地一关门，小耿的一颗手指甲应声完整脱落，鲜血直流。我们赶紧送她去医院包扎。我心里面非常懊悔，自己也感觉“很痛”，小耿却反复说“没事，是我自己不应该放在那个地方”。之后每次同门聚会，兄弟姐妹们提及此事，小耿总是说：“当时没感觉到痛，不是乐乐（同学、师兄师姐对我的称呼）的错。”我当时没有给小耿买任何营养品和礼物，也没有请小耿吃饭，小耿却这么包容我，她就是这样一位好姑娘。

印象里，孙业红师妹去青田的次数是最多的。有时因太忙太累都感冒了，她还依然坚持调研、整理资料，展现了山东姑娘吃苦耐劳的本色。秦向东的计算机水平最高，负责制图工作，他工作特别细，干活很出彩。农业文化遗产的图绘制出来后，他左看看又看看，脸上露出满意的笑容，很“得意”地让我欣赏。他慢工出细活，适合坐下来搞研究。

“浙江青田稻鱼共生系统”及其所在的村落给我的主要印象包括几个方面：第一，青田先民面对“九山半水半分田”的山区地理条件，智慧地创造出了“以鱼肥田、以稻养鱼、鱼粮共存”的稻鱼共生系统，迄今已逾1300年，实在令人敬佩。人对大自然的适应能力令人惊叹，其价值我在此不再赘述，这是我们团队主要研究的内容。第二，龙现村文化底蕴很深厚，吴氏宗祠、吴公家庙、护国庙、龙宫寺庙、奇灵山寺庙、延陵旧家等都很有文化意蕴，这些建筑上还有很多对联，例如，“生圹预营连甲地，人文焕发识丰年”，横批“厚德裕后”等。第三，该地区很多年轻人到国外去工作，主要分布在欧洲国家，这和北方很多地方不同。我是山东人，在我的家乡及周边还没有见到过这种情况。第四，青田县城里有一处“交易所”，大爷大妈们盯着大盘，时刻关注着世界各个国家货币的汇率和交易情况。国内我也去过很多地方，这种情形还是第一次看到，感觉很新奇，也让我很感慨。

青田县龙现村有一所“联合国幼儿园”，是一个很有意思的现象，也是地方经济社会发展的一个缩影。龙现村尚留在村中的20岁左右的年轻人很少，年轻人大多初中或者高中毕业后就去欧洲打工了，主要分布在西班牙、葡萄牙、法国、意大利等国家。之前出国打工的同乡在获得劳工指标后，就会联络老乡前往，在餐馆打工的也能获得每月数千元人民币的收入。我那时是徐州师范大学的讲师，每月收入近3000元人民币。看来外出打工是很有吸引力的。这些年轻人在海外有了孩子后会送回国内请老人帮忙照顾。由于这些孩子出生于不同的国家，所以龙现村幼儿园有“联合国幼儿园”之称。听说有的国家在孩子出生回到龙现村之后，还会给孩子发放福利。

参加“浙江青田稻鱼共生系统”保护利用规划工作，让我在进行学术研究、参加实践、考察风土人情的同时，也加深了和同班同学、同门兄弟姐妹们之间的感情，是我在中科院地理资源所读博期间一段难忘的经历。

（作者现为江苏师范大学人文社会科学研究部副院长、教授）

张丹

2005年11月，张丹在龙现村调研（张丹/提供）

印象·青田

2005年11月，我以硕士研究生新生的身份加入闵庆文老师的团队，首次赴浙江青田参与全球重要农业文化遗产规划的实地调研。我们从北京出发，乘坐绿皮火车辗转近30个小时抵达浙江青田。青田作为著名侨乡，县城风貌与普通北方小镇迥异。主街两侧林立着七八家咖啡馆，招牌上写着“瓯洲之星”“您好咖啡吧”“凯帝咖啡”，并挂有横幅“欢迎欧洲青田同乡会来宾光临”，这种独特的“半中半洋”氛围，让我在舟车劳顿中多了一份新奇。

龙现村，全球重要农业文化遗产项目的核心村，其稻鱼共生系统以红鲤鱼（当地称“田鱼”）为核心。田鱼色彩艳丽，无须去鳞即可烹制，吃法多样，令我印象深刻。该村入口广场上有一个大大的白色石鱼雕塑，据说那就是因为这个项目所立的。初见时略有违和感，今天已成为游客打卡必到之处。

我们调研团队一行10人，除了导师闵庆文老师，师兄秦向东、李永乐，师姐耿艳辉、孙业红外，还有一位特邀的植被专家韩裕丰老师及两位分别来自南京农业大学和北京师范大学的师兄。此行的核心任务是围绕青田稻鱼共生系统收集数据，为项目申报提供科学支撑。作为团队中年龄最小的成员，我的职责是协助韩老师完成农业生物多样性调查和数据收集。

韩老师已经退休了。通过见面后的交谈，我发现韩老师调研前的准备工作做得非常充分，收集了青田所在地区的植被资料、土壤普查报告等。韩老师在野外一点都不输年轻人，健步如飞，每晚必回顾当日调查情况。出差前查阅当地相关资料，出差中每日讨论、整理数据，这一习惯被我沿用至今。

野外调研充满了意外，在一次乘车转场时，由于李永乐师兄的大意，导致耿艳辉师姐的手被车门夹伤，大拇指指甲脱落，瞬间鲜血淋漓。众人均围上前查看，师姐却摆手道："没事，包一下就行。"此事成为团队日后调侃李师兄的经典案例，每逢出差，必有人提醒"关车门小心"。

2006年10月，我第二次赴青田调研，主要配合李永乐师兄与孙业红师姐开展问卷调查。我们入住在村口杨民康家的渔家乐，这家也成为我们团队之后的据点，往后近20年陆续在龙现村开展调查研究时大多在此落脚。杨民康是龙现村的种田大户，原来是个贫困户，后来抓住机遇租下村口的小屋做渔家乐，并结合祖传的田鱼干加工技术，成了村里的旅游接待大户。

驻扎龙现村后，我们便去村里溜达，发现龙现村正经历剧烈变迁。龙现村的老屋多为石块垒砌，屋顶覆以青瓦，但这次去时看到已有不少村民拆旧建新，用瓷砖和铝合金门窗搭建了3～5层小洋楼。新建筑逐渐取代了传统的石木老屋，乡村风貌正在悄然改变。更严峻的是"空心化"问题——村中青壮年大多赴欧洲务工，留守的老人、儿童占七成以上。这也给我们的问卷调查带来了挑战，因为受访者多为老人，方言浓重。杨明康一家老小和吴村长帮了我们不少忙，充当翻译陪着我们挨家挨户去收集信息。这次问卷调查磕绊颇多，但此次经历让我掌握了田野调查的技巧，为后来担任黔东南调研学生组组长、组织贵州从江团队调研积累了经验。

2008年，我攻读博士学位期间选择黔东南贵州从江稻鱼鸭系统为研究对象。查看文献之后，我对自己的研究方向有点儿不自信：稻鱼共生自汉代起便有记载，学界研究汗牛充栋，我还能挖掘出什么创新点？直到有一次，我与浙江大学陈欣教授团队开展交流，得知他们利用地理优势在青田龙现村开展了田间对比实验。王寒等数位同学接力，通过对传统水稻与杂交稻以及鱼的品种、不同种植方式开展长期对比研究，最终成果发表在*PNAS*等顶级刊物。依稀记得陈欣老师的一句话："顶刊论文不是靠重复老数据，而是找到传统智慧的现代科学解释。"这次交流令我豁然开朗，不仅重拾研究方向自信，也认识到科研中持续深耕与创新视角的重要性。

青田调研，从老科学家的以身示范到师兄姐的"传帮带"，以及同行们之间的交流启发，科研团队的传承之力悄然渗透，影响至今，看似琐碎的细节却构建起我学术生涯的基石。如今，青田稻鱼共生系统已成为全球农业文化遗产保护的典范，而当年在龙现村踩过的泥泞田埂、整理过的泛黄笔记依旧在提醒我：所谓研究，不过是把每一寸土地的故事，耐心讲给世界听。

（作者现为中国科学院地理科学与资源研究所副研究员）

秦向东

2005年11月，秦向东在龙现村调研（秦向东/提供）

我在青田的一次顿悟

科学研究是否产生于灵感？是否会经历顿悟？我们通常认为，卓有建树的科研工作必然需要这两者。就我而言，我终生都不会忘记2005年参与浙江青田农业文化遗产实地调研时的那一次顿悟的经历。

2005年秋天，我刚考入中科院地理资源所，师从李文华院士和闵庆文研究员攻读生态学专业博士学位。此时闵老师正从事农业文化遗产“浙江青田稻鱼共生系统”项目的调研和规划工作。我当时是跨专业的博士研究生，跨度之大，在整个研究所也很少见——我本科和硕士的专业是计算机、机械制造以及工程热物理。考虑到我以往纯粹的工科专业背景，闵老师让我承担其中的信息技术支持工作，主要任务是搜集和整理农业文化遗产项目所在地区的各类数据，尤其是地理空间数据，以此支持项目规划工作。

2006年春，我的博士论文研究课题已经确定为“生态景观格局优化”。第一次面对景观生态学这样的理科专业、陌生的学科知识及其全新的研究范式，我在很长一段时间里抱着新鲜、好奇、兴奋和一丝迷惘。以往的求学和工作中，我习惯了身处实验室、计算机机房、工厂实习车间，对于生态学的重要科研形式之一的“野外调研”闻名已久，既心怀忐忑，又心向往之。因此，当闵老师告诉我可以随同几位师生一起去农业文化遗产所在地浙江青田实地调研的时候，我的新鲜、好奇、兴奋之情达到了顶点，犹如小学生第一次参加集体春游，至今无法忘怀。

漫长的火车旅程之后，我跟随同门从北京抵达了青田。团队中以北方人居多，只有我生长在江苏宜兴，对青田的水乡田园景象并不感到陌生。能感受到的自然环境的最大特异之处是，青田多被丘陵低山所占据，这与我老家大面积的冲积平原迥然不同。因而，青田的耕地以梯田为主，所谓“九山半水半分田”。

由于数据收集任务相对轻松，我很快就开始关注遗产项目之外的风土人情。当地人和闵老师闲聊时，多次津津乐道青田放牛时的一种有趣现象：在青田方山乡的几个村，牛是不用拴牛鼻绳的，不拴着的牛在放牛时也不会到处乱跑和走丢。对此，导师打趣地回应说：大概是因为这里是风水宝地，所以连牛也不愿意离开吧。

我开始思索这个反常现象：牛和其他食草动物一样，随处迁移是本能，这并不是出于热爱自由，而只是为了循环利用各处不同的水草资源。我小时候在老家就听说过谁家放牛时没拴好的牛走丢了，多年后发现被另一家“收养”，引发财产归属诉讼的事情。于是我颇费了些时间观察当地的牛。意外收获是，我发现当地的家畜与我老家的相比，有个怪异之处：行走时它们会时不时停下来抬头眺望远方，就是小狗也不例外，抬头看路的频率明显高于我老家习惯于低头踽踽独行的牲畜。

这个发现在当地的牛身上也同样得到了验证。细微差异仅仅在于，牛吃草时只是在原地很小的范围内溜达，而且，它抬头看远处之时，会转动脑袋查看四周。

刚开始我没有把这个发现与“放牛不用拴绳”的现象联系起来。直到有一次我遇到一位赶牛的村民，当时他正在用竹竿驱赶一头黄牛走上坡路。我询问这位村民：牛难道不认识路吗？为什么要用竹竿驱赶？村民回答：它可犟了，因为不愿意走坡路。

“不愿走坡路？”我思忖着，何止是坡路，所有的山地和丘陵都是牛不愿前往的禁地，即使在靠近山地的平原上生活，这种食草动物也不会贸然向山地或丘陵行进——那里不仅缺乏草本食物资源，还是食肉的天敌盘踞之处。它的野生祖先已经把这种认知刻写在这个物种的基因里了。

可是，还是有平路可走的啊。青田这里虽然多山，但是也有硬化的平坦的水泥路面通向村外。“可怜的老牛啊，不会作茧自缚吧？”我思索着：“没人管，你就慢慢顺着水泥路踱步，就可以出村，就自由了。”当再次发现当地有头牛既不低头吃草，也不闭目养神，而是抬头眺望，睁大了眼睛直直地瞪着前方时，我就顺着牛的眼光向远处望去——我看到连绵起伏的丘陵，把村子四面包围了。准确地说，仅仅是在视野中把村子四面包围了——因为只要走近就会知道，在视野中前后交叠的山岭之间，有水泥路可以进出村子，我们团队就是这样进来的。

“视野”！一个设想如醍醐灌顶，回荡在我的脑海。也许这个地区的牲畜习惯于抬头眺望远处来确定方向，是因为视野受到了多山地形的限制。牛这种食草动物与狗又有所不同，在看不到出路的情况下，不会贸然向山地或丘陵行进。这里也不能算盆地，因为丘陵并没有形成四周封闭的障碍，但在视野中却构成了封闭的屏障，这就是一种无形的束缚，也许只有在视野中出现一望无际的平原、田野，才能让它们有跋涉的动力。如果视野中全是丘陵时，牛认为最好的选择还是原地踏步，这就为它的主人节省了一条牛绳。

当时，没有人可以和我分享我这自以为是的发现。回北京后，我整理出收集来的地形数据，为我当时的“顿悟”提供了一个事实上的旁证，而随后中科院为在读博士研究生开设的哲学课，却仿佛就是为了给我的这段“顿悟”经历作一个理论上的总结。按照哲学课堂上关于科研工作中“顿悟”的特点，我为其做了个“形而下”的总结：(1) 突发性。从观察老牛到眺望远方到确信找到答案，前后不过一分钟；当然，在这之前观察到当地地形和牲畜的行为特点，是必须的前期积累。(2) 直接性。一两个直觉直接得到“视野”受到局限的结论，然后才是回过头来找理由，而且没有逻辑推理的必然。(3) 整体性。笼统的直觉囊括了种种内因（牛的行为特性）和外因（青田的地形），没有先分析后综合的过程。(4) 个体体验性。近距离观察牲畜的行为和眼神，不是人人都有这份“雅兴”的。(5) 诱发因素。“视野”“作茧自缚”“障碍”等词语，在跳跃式的心理活动中起着桥梁和跳板的作用。(6) 自证。由于缺乏逻辑必然性，这种假说难以说服专家学者，但在被实验否证（证伪）之前，我本人是确信无疑的。

中国浙江青田县方山乡的牛不需要拴牛绳，其活动就受到限制，是因为牛的视野受四周丘陵的限制。如果这一假设具有直接或间接的学术价值，那么必须通过以下实验来验证，看以下实验情况下不拴绳的牛会不会“走丢”：

直接实验：把方山乡的山搬走一部分。这个实验显然是无法实现的，所以只好替换为以下一系列间接实验，来相互共同验证：(1) 把平原地区的牛放在方山乡；(2) 把方山乡的牛放在平原地区；(3) 把平原地区产下的牛犊放在方山乡养大，再带回平原地区；(4) 把方山乡产下的牛犊放在平原地区养大，再带回方山乡；(5) 驱赶方山乡的牛沿着进出村的通道来回行走，足够多的训练后再自由放逐；等等。也许在这些实验过程中会得到比原来要检验的假设更基本、更重大的问题（可能关于动物的行为和认知方面）。

而我本人从中得到的学术上的启示，远超无法验证这个假设的遗憾，它最切身地体现在我从事"生态景观格局优化"的研究课题中。自动增强生态景观中同类斑块之间的连通性，一直是这个研究领域的难题。我在研究初期与以往的研究者一样，总是试图凭借工程方法，施加外部约束，就像对待无生命的工程对象那样去优化生态斑块的空间分布。在遭遇了一系列挫折之后，我在某个时刻猛然想起青田的牛和其他家畜，它们是通过对环境的视觉感知来做行为决策的。生态斑块虽不是生命本身，但却是众多生命的宏观载体。能否将其模拟为生物个体，通过感知某类空间信息来自我优化其连通性呢？最终我找到了"气味"这种空间分布的信息，把同类斑块视为散发相同气味的生物个体，使用"气味扩散"模型模拟同类斑块相互连通的可能性、优先性和连通强度，一举解决了这个难题。

生活中的启示则更为持久和深远：牛只相信自己的眼睛，它不愿用脚去尝试出路；其实大多人在大多数时候，在这方面都不比牛聪明——安于现状、局限于已有的认知、经验，似乎观察得很仔细很全面，但却是基于已有的眼界，因而不愿冒险去实践、去行动。幸运的是，人有着理性和尊严，有着突破动物本能的潜力和精神追求（所以才会有"顿悟"一说）。孟老夫子的那句话是灵魂发问而不是草率断言——人之所以异于禽兽者几希。

（作者现为桂林航天工业学院工程综合训练中心副教授）

刘某承

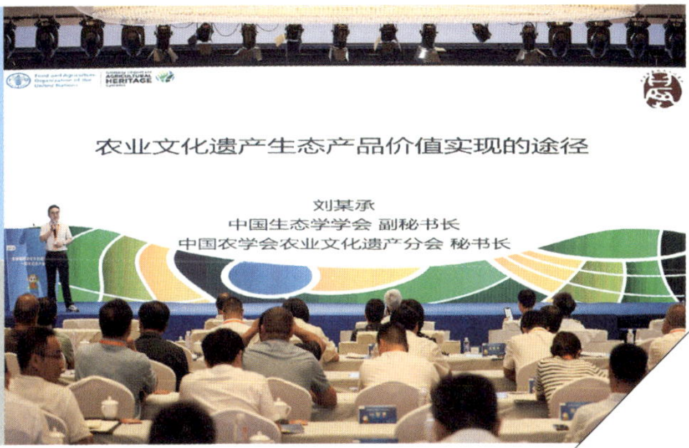

2023年7月，刘某承在青田作报告（刘某承/提供）

青田记忆：一次田野调研的启蒙之旅

2009年夏日的蝉鸣声中，我攥着被汗水洇湿的机票站在首都机场候机大厅，耳边反复回响着李文华院士的叮嘱："小刘啊，农业文化遗产的价值在于活态传承，你们年轻人要多用脚步丈量土地。"此刻望着电子屏上醒目的"航班取消"字样，我忽然意识到，这场注定充满未知的田野调查，或许从启程前就开始了它的"启蒙课"。

风雨兼程的启航

这是我第一次一个人独立进行野外调研。青田农业技术推广站的吴敏芳站长已经帮我安排好了调研计划，我决定改签到杭州再乘机场大巴到青田。

台风"莫拉克"带来的暴雨在机翼上敲打出密集的鼓点，当波音737在杭州萧山机场艰难着陆时，我透过模糊的舷窗看见跑道上的积水泛着白浪。转乘机场大巴后，蜿蜒的盘山公路在雨幕中若隐若现，车载电视里滚动播报着浙南地区的台风警报。8小时颠簸后，我终于见到了撑着雨伞的吴敏芳老师。这位扎根青田20年的农技专家，裤脚还沾着新鲜的泥点。"雨大正好看稻鱼共生系统的韧性！"他笑着领我穿过青石巷弄。沿街店铺里，雕工们正在青田石上錾刻印章，而飘着鱼汤香气的灶台旁，家家户户都在用田鱼干炒着粉干。

方山乡的田野课堂

清晨的方山乡笼罩在乳白色晨雾中，龙现村的石板路上传来扁担吱呀吱呀的声响。当我们走进村里的稻田时，惊起的白鹭掠过翡翠般的稻浪，涟漪中隐约可见青背红鳍的田鱼游弋。吴老师弯腰掬起一捧水："看这水蛛，还有蚯蚓，都是系统健康的指标。"

在陈阿婆家的廊檐下，我握着精心设计的表格却屡屡碰壁。"后生，打药哪像你们读书人做实验？"老人粗糙的手指划过问卷，"芒种前撒3次石灰，端午后见着稻飞虱才打药，哪记得用几斤几两？"她掀开灶屋的陶缸，几十尾田鱼在清水里摆尾，"秋收时留些鱼苗，剩下的换油盐，哪用电子秤？"

夜幕降临时，我们在村委会整理数据。节能灯下飞舞的蠓虫在表格上投下细碎阴影。我皱着眉头看着问卷里的矛盾，有好几户农药支出偏低，但鱼产量没降。百思不得其解的我第二天问了当地的技术人员，他告诉我，农户很可能用了苦楝树叶替代部分农药。这个发现让我赶忙又修改问卷，新增了传统防治措施的记录项。

稻田里的经济学

在龙现村走访时，村委会主任指着山腰的抛荒地叹气："年轻人都去欧洲闯码头（是个比喻，意思是外出闯荡谋生），留下的老人哪挑得动农家肥？"稻田边的代销店里，堆满化肥的编织袋上印着现代化的商标，而墙角生锈的沤肥池爬满青苔。这种传统与现代的撕扯，在统计表中具象为触目惊心的数据：如果将劳动力的投入折算进去，坚持传统模式的农户，亩均收益比常规种植低23%。

暴雨初歇的午后，我在田埂上遇见捕鱼归来的老周。他竹篓里的田鱼闪着银光，笑着和我调侃："专家同志，你说这田鱼能卖到北京去吗？"这句话像闪电划破迷雾。我突然意识到，那些无法量化的生态价值，正如老周篓中活蹦乱跳的田鱼，需要搭建通向市场的桥梁。

传承和发展的协调

15年后的今天，当我撰写农业文化遗产地生态补偿方案时，总会想起青田的夏夜。那些在暴雨中护秧的老农、节能灯下修改的问卷、田埂上的困惑与期待，早已化作我学术生命的基因。

如今，青田县已创新推出全国首个农业碳标签体系：每千克稻鱼米可追溯减少0.78千克碳排放，农户通过参与生态种养即可获得碳汇收益。这种将生态价值货币化的补偿机制，让陈阿婆这样的传统农户每年增收近万元，曾经抛荒的稻田重新焕发出生机。2024年数据显示，全县稻鱼共生系统面积恢复至6.54万亩，产业总产值突破3.04亿元，产值较10年前增长近十倍。

更令人振奋的是农业文化遗产品牌的赋能效应。“青田稻鱼米”“青田田鱼”依托“生态+”“品牌+”战略打造出全产业链价值体系。农文旅融合催生的“稻田艺术节”“鱼灯非遗研学”，更让每亩农田衍生出旅游、文创等多元收益，真正实现了经济、社会、文化、生态、科技五维价值共生的愿景。

或许真正的农业文化遗产保护，从来不是标本式的封存，而是在时代浪潮中寻找新的平衡。就像稻鱼共生系统本身，既需要鱼群搅动水体维持生态，也要让农户在守护传统中收获希望。这场始于台风季的田野调查，教会我的不仅是科研方法，更是一种与土地对话的智慧——在量化分析与人文关怀之间，在遗产保护与发展诉求之间，永远保留那份对生命脉动的敬畏。

（作者现为中国科学院地理科学与资源研究所副研究员、中国农学会农业文化遗产分会副主任委员兼秘书长）

焦雯珺

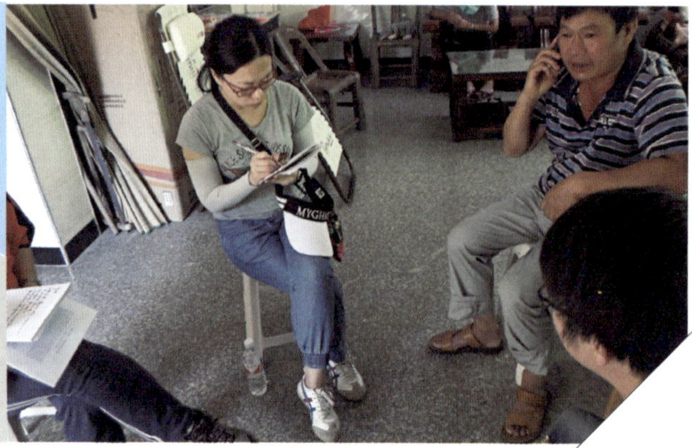

2016年7月，焦雯珺在青田调研（焦雯珺/提供）

我的一点回忆

我是2006年9月入学中科院地理资源所，跟随成升魁研究员和闵庆文研究员进行硕博连读，2011年毕业后又跟随李文华院士和闵庆文研究员开展博士后研究工作，后于2015年6月正式入职中科院地理资源所，工作至今。

青田稻鱼共生系统2005年被联合国粮农组织认定为首批GIAHS，那时我还是北京林业大学的本科生，因此并未参与其申遗的前期筹备工作。但是作为中国第一个获得认定的GIAHS，青田稻鱼共生系统的大名如雷贯耳，其保护与发展研究更是备受关注，也一直是我们团队的核心工作。

我第一次到青田是在2010年6月，去参加“青田稻鱼共生系统GIAHS授牌五周年纪念活动”。当时同行的除了国内的专家和学者，还有联合国粮农组织官员MaryJane DelaCruz博士，以及两位来自菲律宾伊富高稻作梯田系统的代表，那里也是首批GIAHS项目试点地。整个活动包括稻鱼共生农业文化遗产博览园奠基仪式、稻鱼共生系统农业文化遗产保护工作座谈会以及青田稻鱼共生系统研究中心签字与揭牌仪式等。我当时的主要任务是陪同两位菲律宾代表，印象最深的是他们一直在感慨青田县的繁华。他们认为这是一座繁华热闹的城市，而我谦虚地跟他们说“这是一座位于山区的县城”。当然，青田县可不是一座普通的县城。

我正式在青田县开展农业文化遗产保护研究是2014年11月。那时我陪同自然与文化遗产研究中心的客座教授、来自加拿大圭尔夫大学的Antony Fuller先生前往青田开展调研，为农业文化遗产监测评估的案例研究收集相关数据。自此，我便与青田结下了不解之缘，青田稻鱼共生系统保护也成为我研究工作的重要内容。

后来，我率队于2015年8月开展了青田稻鱼共生系统10年保护与发展成效评估研究，于2016年7月开展了青田稻鱼共生系统第二个10年保护与发展规划编制研究，还以青田稻鱼共生系统为研究案例申请了国家自然科学基金项目，发表了一系列学术论文并出版了两部科普作品，可以说是成果颇丰。2024年7月，我又参与到青田稻鱼共生系统20年保护与发展成效评估中，再次回到熟悉的田间地头开展调研工作。

于我而言，青田是最熟悉的农业文化遗产地。从2010年第一次踏入青田算起已有15年的时间，我也亲历了青田稻鱼共生系统15年间的保护与发展历程，见证了它在保护与发展道路上取得的丰硕成果，我也因此成长为农业文化遗产领域的核心骨干。展望未来，我期待“青田模式”能够持续引领全球重要农业文化遗产保护与发展方向，而我也愿意为其下一个10年乃至20年的保护与发展贡献一份微薄的力量。

（作者现为联合国粮农组织全球重要农业文化遗产科学咨询小组委员、
中国科学院地理科学与资源研究所副研究员）

2013年8月，何露在韩国济州岛考察石墙农业系统（何露/提供）

我与青田

记得2006年我在参加保研面试时，闵老师问我有没有听说过“农业文化遗产”，紧张之余，脑中竟然闪现出“稻田养鱼”，听到我的回答后闵老师也有些惊讶。当时特别庆幸，在面试前几天的农业生态工程课上老师讲稻田养鱼时，提到了2005年“浙江青田稻鱼共生系统”被联合国粮农组织列为首批全球重要农业文化遗产试点。可能全国正值世界遗产“申遗热”，伴着“遗产”二字的青田稻鱼共生系统就这样不经意地钻进了我的耳朵。进入师门后，我才渐渐明白青田稻鱼共生系统包含的不仅仅是稻田养鱼这项农业技术，而且是“关乎未来的遗产”。

“浙江青田稻鱼共生系统”是全球首批5个全球重要农业文化遗产试点之一，与菲律宾、智利、秘鲁、阿尔及利亚和突尼斯的另外4个传统农业系统一起，共同探索兼顾农业生物多样性和文化多样性保护的可持续发展路径。之前，“青田稻鱼共生系统”对我来说只是一个名词，2008年我从研究生院回到所里读研后，从导师、师姐们口中了解到了更加立体的青田。

2012年4月，我和史媛媛一起去青田为全球重要农业文化遗产保护项目中期评估做些准备工作，同行的还有法国留学生Aude。去之前还有些担心，除了对中期评估需要搜集的资料心里没底，还担心Aude会不会不习惯，能不能好好感受一下农业文化遗产。到达那里之后，我才发现自己多虑了。负责与我们对接的是青田县农业局吴敏芳研究员，我们都喊他“吴老师”。

吴老师对待工作认真负责。我们希望尽可能全面地搜集中期评估需要的资料，他不厌其烦地带着我们在县、乡、村里到处跑，晚上还陪着我们整理资料，查漏补缺。为了方便晚上送我们回酒店，他刚拿到的驾照也派上了用场。吴老师浓重的浙江口音有时会让人听不懂他在说什么，但说起稻鱼技术，他总是滔滔不绝，毕竟他的主业是农业技术推广。吴老师也特别看重“专家”，对来青田做研究的科研团队总是如数家珍。在我看来，他像是一位具有科学创新精神的农遗传承人。稻田养鱼在青田历史悠久，有了科学创新的加持才能使古老农业技术得到现代应用和推广，从而使更多的人能从中受益，“遗产”才能活起来。

托Aude的福，这趟出差还体验了下农业文化遗产地旅游，在中国田鱼村——龙现村的田间步道近距离观察稻鱼共生系统，在渔家乐品尝田鱼，在学校的临时博物馆中了解传统农业文化。作为有名的侨乡，青田每家每户都或多或少有亲友在海外，龙现村的幼儿园被称为“联合国幼儿园”。晚上在瓯江畔喝着意式浓缩咖啡，我们和Aude聊着天，还开玩笑说，如果哪天法国有农业文化遗产了可以和青田稻鱼共生系统“结对子”。

青田稻鱼共生系统是农业文化遗产事业的起点，也让大家看到了农业文化遗产从概念走向实践时应有的模样，它让更多人坚信“农业文化遗产关乎未来”。现在回头看时，不禁感叹当时选择青田作试点的专家和领导是多么明智。浙江人“干在实处、勇立潮头”的精神在这里得到了充分彰显。虽然我现在不再从事农业文化遗产相关工作了，但青田给予我的力量一直都在。

（作者现为国家林业和草原局自然保护地管理司自然保护区管理处三级调研员）

谢坚

谢坚在田间观测（谢坚/提供）

村里住进了一群“大学生”

2005年，我作为浙江大学陈欣和唐建军教授领衔的101实验室的联合培养研究生，开始接触稻鱼共生系统研究。2008年硕士毕业后，我正式成为浙江大学生态学专业农业生态学研究方向博士研究生，2011年成为稻鱼共生生态学研究的第一名博士研究生毕业生。在导师的指导下，我以第一作者身份，和实验室其他成员一起，于2011年在国际学术刊物《美国国家科学院院刊》上发表了封面文章。前前后后，我在青田县龙现村待了6年，可以说是101实验室从事稻鱼共生系统研究学生队伍中的“元老级”成员了。回忆起稻鱼生态研究初创年代，不禁感慨万千。

2005年，“浙江青田稻鱼共生系统”被评为全球重要农业文化遗产。101实验室迅即从农业生态学视角启动了青田稻鱼共生系统的长期系统科学研究，并持续至今。早期的田间研究工作是在龙现村开始的。那时，青田县尚未开通高铁，路上花费的时间远比现在要多。一般都是头天下午乘坐普通列车从杭州出发，第二天凌晨到达青田火车站，再转乘前往龙现村的中巴车，一路沿着溪流向南，颠簸将近1个小时，才到达龙现村。

2005年前后的龙现村很像一个“世外桃源”。它坐落在一个集水区景观内，群山环抱，层峦叠嶂，半山腰的梯田犹如一条条玉带缠绕在山峦之间。小盆地中间由石头垒成的古宅和灰白色的楼房错落有致，古朴而安详。进村口右边是龙现十八潭，绿水呼啸、飞奔直下，珠飞玉泻，瀑声震谷。村口广场右边矗立着一个“田鱼飞跃”的大理石石雕，左边则是费孝通先生的题字“中国田鱼村”。

101实验室唐老师曾经教导我们说，欲做科研，须先调研，了解生产，方可开篇。初入龙现村，调研工作就成了我们首要的任务。我们在走访村民中了解到，村民杨民康和伍丽贞夫妇年轻时走南闯北卖纽扣，做各种小商品销售，后回村里做田鱼干制作和销售，借助稻鱼共生系统被评为全球重要农业文化遗产的契机，租了村里的水碾房改造成渔家乐。田鱼干贴上“全球重要农业文化遗产”标签后，远销杭州、上海、温州等地，有些甚至被华侨带到西班牙、葡萄牙等国。杨大哥介绍说：“我小时候就晓得，龙现村一直稻田养鱼，这对稻和鱼两者都有好处。鱼在田里游来游去，拱来拱去，翻草吃草；以前在蠓虫儿多的时候，就在水面上撒点菜油，油铺满整个水田，虫子一掉到水面，马上就有鱼抢着吃了。养了鱼的田我们打药水少，一是虫子少，二是怕伤了鱼。伏天中午太阳晒得冒烟时，没种稻的鱼塘里的水烫脚，鱼都躲到水田角落里了，但种了稻的水田里水温会低些，鱼还四处找吃的。但是鱼到底帮着吃了多少虫和草，我们也搞不清。”

陈春平是当时的种植大户，种了将近20亩稻田。他个头不高，皮肤黝黑，带顶草帽，皮带斜捆，两个裤脚一高一低卷着，随时准备下田做活。他告诉入户调查的我们说：“村里目前水稻和鱼的产量不高，我想，如果你们能够研究出适合稻田养鱼的高产水稻品种，能确定每亩放多少鱼，给鱼投喂哪些东西成本低、产量又高，那就太好了。”

101实验室几乎全员出动，先后在丽水市青田县全县，丽水市景宁畲族自治县、龙泉市、松阳县、莲都区等县（市、区），温州市永嘉县、瑞安市等地进行农户调查和试验研究，主要解决两个问题：一是稻和鱼互惠关系的科学问题，二是稻、鱼、料最佳搭配的实践问题。实验室几个以稻鱼生态为研究主体的研究生（我和王寒等）大部分时间在青田县龙现村的试验基地。2006年正式开始布置严密性定位试验，芒种时节开始插稻，国庆节左右收稻，主要测定和统计鱼和稻的产量、稻飞虱和稻纵卷叶螟等虫的数量、田间杂草的情况、水和土的环境指标等。天天在村里跑来跑去，村里人都知道杨民康的渔家乐那里住了几个浙江大学来的搞稻鱼研究的大学生。青田县农业局吴敏芳站长经常到试验基地来看我们。每个暑假，实验室几乎所有同门都到青田基地帮忙观察、调查取样，如刘领、张倩、张珊珊、杨海水、胡亮亮、徐黎明、金毅力、李月芳、吴雪、李娜娜等。吃的问题好解决，我们和杨民康老板家一起吃，有时菜不够，他会快速做一条红烧田鲤鱼，金黄金黄、酸酸甜甜的，鳞软肉嫩，最后连汤汁都可以拌两碗饭吃。就是住的地方比较简陋，房子是用石头垒的，泥土砌墙，并不透风，有点考验意志。某一夏日晚上，前来援助的金毅力同学和我住在渔家乐二楼。二楼是木质结构，踩着嘎吱嘎吱地响，房间一个小风扇有气无力地摇着，吹过的风都带着汗臭味。整个晚上，金毅力一直在赶着不知名的虫子。第二天早上天蒙蒙亮，金毅力惊慌地喊："师兄，你看我全身起坨了。"我慌忙起来，一看金毅力上身赤裸，全身红肿，因为痒他使劲在挠，越挠越红，越挠越肿。杨老板听到叫声后，查看了情况，迅速到田间扯了几味草药，碾汁涂抹后，再涂上我们自己带的蚊虫止痒膏，下午才慢慢消肿。

试验过程中，观察稻田中鱼的活动比较难。101实验室众人讨论后，决定采用竹制样框漂浮在水面、摄像机无间断拍摄的方法进行记录。从早上日出，直到太阳下山，我们都有人守在田边拍摄、观察和记录。骄阳似火的正午，周围都被焦热的空气笼罩着，没有一丝丝风。原村干部吴伯仁在查看他自己的稻田水时，碰到我们在田埂上记录，说："天气太热，你们太辛苦了，赶紧回去休息下，村里农民都没像你们这样子辛苦的！""你们天天在田里数数，以后怎么找工作咯？"

田间试验，最担心的就是田鱼跑掉，一旦跑掉了，我们一年的试验就完全失败了。青田县紧邻温州市，沿海地带刮台风时，龙现村天上成片成片的雨云快速移动，大雨倾盆而下，田间地头的水漫埂而出。田鱼聚集在排水口，蠢蠢欲动，伺机闯出。每到这时，每家每户村民都会出动，或撑着雨伞，或披着蓑衣，迅速跑到田间，在田埂来回查看，扩大排水口，防止田埂垮塌、田鱼窜跑。非常幸运，虽然经历过多次台风侵扰，试验总算进展顺利。

我一直牢记"大胆假设、小心求证"的101实验室训条。通过整整6年的科学实验论证发现，稻鱼共生与单作水稻相比，一亩田可少喷农药1斤、少撒肥料10多斤，草少了95%，蠓虫儿少了45%。农民群众关注的生产实践问题终于有了答案：一亩田最好放百余尾三四两重的冬片或2250尾夏花，水深10 ~ 25

厘米都可以；如要开沟，最好开成“十”字形沟。6年心血终结硕果：稻鱼共生系统的重要研究结果终于在2011年以封面论文发表于《美国国家科学院院刊》，引起全世界广泛关注。稻鱼共生，走向了世界，体现了中国农耕的智慧、文化的魅力、发展的可持续性及人与自然和谐共生的理念。

（作者现任湖南省张家界市生态环境局副局长）

任伟征

任伟征在做田间试验（任伟征/提供）

“正宗田鱼”风波始末

2018年的夏天，我们研究团队同往常一样进驻青田的试验基地，开启了最繁忙时节的工作。稻田养鱼是当地的特色农业，已传承了千年历史，也是我们研究的对象。放鱼苗当天是最热闹的，许多村民会自发前来参观和帮忙。“这批鱼苗看起来质量蛮好，肯定很正宗！”在一旁围观的人们议论道。而听到“正宗田鱼”的说法，让我不禁感慨，当年差点因此陷入一场“风波”。

时间回到2011年，初次见到田鱼时，我被它鲜红的体色惊艳到了。在许多地方的传统文化中，红鲤鱼是不能食用的，但在当地它却是一道美味。不少村民家里都留有种鱼，世代相传。一些养鱼高手会自豪地向我科普：“这两种是最正宗的：你看这条，黑斑不多且主要集中在头部，叫‘火柴头’；那条小黑点布满全身的，叫‘芝麻花’。”在多番观察后，我自信已掌握了辨识“正宗田鱼”的技能。但不久之后的一次调研却让我开始迷茫，因为见到的体色和类型越来越多：各种不规则黑斑、黄+黑、白+黑……印象最深的是：在小舟山随处可见通体血红的田鱼，没有一点杂色，而巨浦乡的田鱼以青黑色为主，这些情况直接颠覆了我的初始认知。这些田鱼看起来差别那么大，它们有什么关系？到底哪种才算正宗？在经过团队内部深入讨论后，我决定将这些问题作为我的研究方向。

在各级政府部门的支持下，我们开始对青田县及周边地区的田鱼进行大规模种质调查。那段时间里，我们每天披星戴月，每天开车跑几百里山路都是家常便饭。高强度工作下，所有人都成了上车秒睡、车停即醒的时间管理大师。其间也不乏失足落水、智斗黄蜂、与蛇共舞的惊险时刻，现在想来都是难得的经历。我们所到之处，村民们都非常热情，尤其在得知是来调查田鱼种质的时候，有几位师傅当即就要烧几条鱼请我们“鉴定”。盛情难却之下，我们只得偶尔蹭饭，而在席间他们提及最多的话题永远是自家田鱼。“我这里的鱼传下来好多年了，不是外边来的，肯定正宗，你们回去一定帮忙好好鉴定。”招待我们的村民嘱托道。一时间我恍然大悟，原来这些热情可能是有“条件”的。看到一旁仍在专注大快朵颐的师兄弟们，我逐渐开始焦虑。所谓“吃人嘴短”，我到时候能拿出可靠的证据吗？并且无论“正宗田鱼”花落谁家，好像都不太好向其他人交代……

之后很长一段时间，每当遇到先前调查的农户，我总会被追问：“那个化验结果出来了没？我家的鱼到底怎么样啊？”这些期待让我一刻不敢耽误，心想无论结果怎样，总要先拿出依据来。在日复一日的查资料、找方法和做实验中，这些田鱼种群的亲缘关系逐渐清晰。综合基因、形态和行为的多方证据表明，青田地区所有田鱼在进化上都归属于同一家族，是普通鲤鱼的一个分支。它们外观上的差异更多是适应各地生境和养殖偏好的结果，并无本质不同。至此，我终于能够松口气，原来所有的田鱼都是“正宗”的，不用担心“得罪”人了。

当告知村民们这个结果后，多数人都欣然接受，因为他们守护了几十年的鱼种不用再担心被挑战“正统地位”了。然而依然有人有和我当初类似的疑问：“这些鱼看起来差别那么大，怎么会都是一家的？”我随即打比方说：“咱们国家还五十六个民族呢，长相穿着都不一样吧，不也是一家人吗，这叫‘和而不同’。”最终这些人也会心一笑。“正宗田鱼”风波告一段落，而我们团队则在探索稻鱼共生密码的道路上继续前行，开启另一段故事……

（作者现为河南农业大学副教授）

张剑

张剑在做田间试验（张剑/提供）

田鱼：从青田方山“嫁到”了桐庐畲乡

我是2012年10月跟着导师陈欣、唐建军教授第一次到青田县的。站在龙现村遗产地核心保护区的顶端，我直观地感受到只在文献中比较熟悉的全球重要农业文化遗产——浙江青田稻鱼共生系统带来的视觉震撼：远处的山水与村落融合得非常自然，近处的红鱼在脚边悠然游弋田间，美得像幅画。就这一眼，我便生出对稻鱼共生系统的无限兴趣。

在确定了研究方向后，我和胡亮亮、任伟征、郭梁等博士研究生就常驻在青田县仁庄镇，在导师的指导下开展系统性的研究。田间试验很辛苦，随着日头的暴晒，我们师兄弟几个的肤色每年都会黑上几个色度。那些年，我们都是住在仁庄镇里，也常去一家面馆吃饭。每次我们一身泥水地返回镇里经过面馆时，老板娘总是扯着嗓子笑着招呼我们：“哎，养鱼的大学生，今天你们点几碗面啊？”

记忆很深的一次“惊吓”，是我和任伟征博士经历的“雷劫”。那是2014年7月，我和师兄两人像往常一样骑自行车去外垟试验田块。临近傍晚时田间已经是狂风大作，我们加快了手头的工作。工作做完后，我们趁着还没下雨，赶紧骑车返回，顶着一道道炸裂在头顶的响雷往住宿地赶去。由于都是下坡路，加之对路况非常熟悉，所以我们车速飞快。突然，一声“咻”的刺耳声音还是让我们紧急停住了：那是雷电在不远处的输电线上传导的声音，我们甚至看到了耀眼的火花。幸亏是在远离我们的地方，幸亏我们还没有骑到电线的正下方。心有余悸的师兄弟二人小心翼翼地返回了镇里。

关于青田的记忆实在太多太多。在浙江大学读博的6年里，我们师兄弟几个经常趴在田头观察田鱼的运动习性；我们在仁庄镇政府院子里搭建仿生系统来观察田鱼如何控制卷叶螟的危害；我们和吴敏芳老师走遍了青田各个偏僻的村落，满世界地搜寻青田田鱼独特的小种群；每年在实验结束后，我们都会挑选几条田鱼烹煮成美食犒劳自己……

浙江大学稻鱼共生团队接二连三的成果再次引起了上级部门的关心和重视。能不能将稻鱼共生稳粮增收高效模式引入以种粮为主但效益不高的桐庐县莪山畲族乡沈冠村，成了上级下达的任务。2019年，在九三学社浙江省委社会服务部的引荐下，我们将稻渔综合种养技术引入了桐庐县莪山畲族民族乡沈冠村。在我们的技术指导下，该村当年就获得了成功：经测产，稻鱼共生系统中水稻亩产598千克（干重），田鱼亩产102.5千克、均重0.41千克/尾，扣除成本后，每亩净收入约8000元。稻鱼共生产业模式在桐庐县取得了显著成效，沈冠村也逐渐将稻鱼共生产业作为全村发展的核心特色产业，在乡村振兴中发挥了重要作用。2020年5月10日，央视《新闻联播》用3分17秒的时长，以《用奋斗的青春告白祖国——张剑：生态科学助力乡村振兴》为题报道了我们团队在科研成果转化方面取得的成效。

（作者现为南昌大学副教授）

赵璐峰

赵璐峰在青田做田间试验（赵璐峰/提供）

从青田稻鱼共生到稻渔综合种养：以生态之笔描绘产业未来

2017年，我从中山大学本科毕业后进入浙江大学生命科学学院陈欣、唐建军教授团队读研，当时也是深受2011年发表于*PNAS*上的论文的影响，对稻鱼共生系统及其生态学机理充满了兴趣和期待。2017—2024年，从研究生新生到博士后出站，我在丽水市青田县度过了8个夏天，每年从4月、5月水稻播种开始，一直持续到11月水稻收获完成。这期间，伴随着中国社会经济的飞速发展，青田稻鱼共生系统也在不断地发展。稻鱼共生博物馆的建成，浙江省第一个稻米、淡水鱼碳标签落地青田稻鱼共生系统，以及丽水市通过立法助推农业文化遗产保护和利用，等等，都见证了青田稻鱼共生系统的发展历程。在这期间，不光是青田稻鱼共生系统在发展，全国的稻渔综合种养产业也在蓬勃发展。我也深切地体会到，青田稻鱼共生系统无论是在生产经营、产业发展还是在品牌创建、文化输出等各方面，都对全国稻渔综合种养产业的发展产生了重要影响。对我们课题组将青田稻鱼共生系统中的生态学理念推广到全国的稻渔综合种养产业中，我感到非常自豪，也深感我们工作的重要意义所在。

2024年博士后出站后，恰逢浙江大学与丽水市共建了浙江大学-丽水生命健康联合创新中心，我顺利入职成为一名“新丽水人”。能够继续从事青田稻鱼共生系统以及稻渔综合种养产业的深入研究，我感到非常荣幸，同时也深感责任重大。在新的工作中，我需要将原来生态学基础研究的工作思路转化成产业生态发展的思路，尤其是要针对现阶段产业发展面临的实际问题提出解决途径。例如，针对目前农村劳动力短缺的情况，我们可以通过轻简化耕种机械、智能投喂、无人机等方式降低用工强度；针对田鱼原种保护和利用的问题，我们可以设计原地保护和迁地保护相结合的方案保护青田田鱼种质资源，同时通过现代育种方法对青田田鱼新品系进行选育；针对如何扩大青田稻鱼共生系统在全国乃至全球影响力的问题，我们将通过在青田创办稻渔综合种养技术培训、产业论坛等形式，让世界学习青田经验。

（作者现为浙江大学-丽水生命健康联合创新中心副研究员）

PART 4

第四部分

媒体人的访谈与回忆

我报道青田与农遗的几点体会

——李大庆访谈实录

采访时间： 2024年7月16日晚上

采访地点： 浙江省丽水市青田县龙现村

采 访 人： 郭　旋　李宇薇

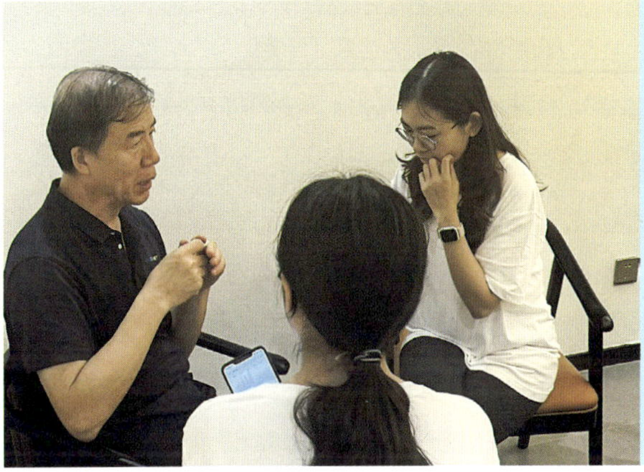

受访人简介：李大庆（图中左一），《科技日报》资深记者，多次报道青田稻鱼共生系统和农业文化遗产保护。（郭旋/提供）

郭　旋：李老师您好！请问您最早接触农业文化遗产大概是什么时候？

李大庆：我作为一名《科技日报》记者，对中国科学院的事情关注得相对比较多。一个偶然的机会，我知道了中科院地理资源所有农业文化遗产这项工作，就通过别人打听到闵庆文老师，然后联系上了闵老师。

我第一次来青田是在2006年。当时正好和华南农业大学原校长骆世明教授一起到了龙现村。考察过程中，骆教授问了很多问题，我觉得很有意思。之后就关注得更多一些，就开始写一些稿子来报道这个事。

郭　旋：那您第一次听说农业文化遗产大概是什么时候？

李大庆：从媒体上知道的，我不是第一个报道的，但现在可以说我是跟踪报道时间最长的。前面有人做过报道，但慢慢就都断了。我是先从新闻报道中知道了这件事，然后做了一些采访，写了一篇长文发在了2005年7月12日的《科技日报》。但是具体从哪里听说的，我忘记了，是报纸上还是网络上，已经记不太清楚了。

郭　旋：您从一开始就觉得农业文化遗产很有意义吗？是什么原因能够让您坚持去报道的？

李大庆：农业文化遗产当时是一个全新的概念，很多人还不知道、不了解。从新闻报道角度来讲，就是速度要快、内容要新，别人不知道、不了解的事情才有必要报道出来。农业文化遗产就是一个全新的事情，而且中国科学院参与了这件事情，所以也需要去报道。

郭　旋：您有没有觉得农业文化遗产这项工作有其他一些很重要的意义？

李大庆：我是在报道过程中慢慢了解农业文化遗产相关工作的。了解得比较多了以后，我总是希望能够做深入一点的报道，希望每一次报道都能有一点新意，但在内容方面还需要跟闵老师核实。

有一次闵老师跟我讲，他去看过日本的梯田，说日本的梯田特别小。我就琢磨，相较日本，中国梯田数量比较多，还能作为遗产吗？或者说还有那么高的价值吗？中国有这么多梯田为什么还要保护呢？所以我写了一篇题为《农业文化遗产：中国科学家“超前”保护》的文章，介绍了闵老师做的这件事。日本已经是高度工业化的国家，农业经济产值占比比较小，中国还没有到这个程度。从这个意义上说，闵老师做的事情是“超前保护”。

那么，有哪些东西需要保护呢？中国在推进现代农业发展过程中，肯定有许多传统的农业生产方式被抛弃。比如，相当一段时间里，稻田养鱼的面积在萎缩。这样一些逐渐被抛弃的东西，可能就是需要保护的。要是不加以保护，可能很快就消失了。

1998年，中国科学院进入知识创新工程阶段。中国科技界的改革最开始就是从中科院开始的，改革的目的就是要创新，当时地理资源所就面临很多创新的难点。所以我在二〇〇几年开始报道的时候，注意到李文华院士提出的一个观点，他说农业文化遗产保护也是一种创新，做这项工作也是一种创新。他提出，农业文化遗产保护是世界上各个国家都没有经历过的事情，我们做好了，再影响到其他国家，这就是一种创新。我觉得这个观点是可以接受的。作为媒体，我们就是要把这样的观点宣传出去。

我曾经来过青田四次。第一次是2006年7月28日，当时是跟骆世明校长一起来的。我本以为，骆校长是华南农业大学校长、教授，对农业应该很了解。但在龙现村时他发现了一种农具，有点像猪八戒那个耙子，他也不知道这是用来干什么的。我们就请一位农民演示这个农具的用法。我们下到一个水田里面，他拿着这个农具往前一杵，水就喷到了秧苗的上部，特别是稻穗那个地方。如果稻穗上有虫子之类的就被喷到田里去了，稻田里有鱼，鱼就把这些虫子之类的东西给吃了。中国古时没有化肥、没有农药的时候，怎么解决除虫的问题？这就是一个很好的办法。事实上，农业生产中有很多这类能够解决实际问题的农具和办法是我们的专家可能都不知道的。这些办法过不了几年有可能就失传了，所以要进行保护。

第二次来青田是2015年9月18日。我在中科院科技传播局的支持下，组织《人民日报》、《光明日报》、中国新闻社、新华通讯社、《农民日报》、《中国科学报》等媒体记者一起来了一趟。那次规模比较大，我想通过我的努力，为农业文化遗产多做一些呼吁。

第三次来青田是2015年10月12日。我来参加青田稻鱼共生系统全球重要农业文化遗产授牌10周年纪念活动。我在会上做了发言，主要谈的就是我10年来跟踪报道农业文化遗产保护工作的一些感想和收获。

第四次是2016年6月5日。那天联合国粮农组织总干事在西安参加了二十国集团农业部长会议之后，专程来青田考察。我写了一个特别详细的报道。

作为媒体，我们能做的最多是呼吁。但是说句实话，媒体的呼吁很多时候也是非常重要的。

记得第一次来青田的那天晚上，我们几个记者一起跟几位村民在县城咖啡馆聊天。他们说，我们现在都是世界遗产了，国家应该会有资金支持吧？闵老师就说，应该是没有钱。农业文化遗产不能只从挣钱的角度考虑，要看它的长远效益。今天回过头来看看，青田在这方面还是做得很好的。

许多人比较熟悉的可能是世界自然与文化遗产，这是1972年由联合国教科文组织提出来的。1972年11月16日，联合国教科文组织通过了《保护世界文化与自然遗产公约》，那个时候中国并没有参与，我们是1985年加入这个公约的；1997年11月，联合国教科文组织又发布了《保护人类非物质文化遗产公约》，中国就参与了，但并不是起主导作用的；2003年7月，国际工业遗产保护协会发起了工业遗产保护项目。所有这些，我查到的好像都不是中国主导的，全是“舶来品”。从这个层面上说，在农业文化遗产保护上我们第一时间就介入了，我们在实践中不断探索出保护与发展的办法，可以说在这方面我们是领先的，是引领世界的。

记得有一次，我跟闵老师一道去湖南新化参加紫鹊界梯田申遗和保护座谈会。会上，有一些研究历史和文物的老师说，梯田这个形制不能变，至于梯田里种的是什么稻种无所谓。闵老师说，农业文化遗产要保护的是生物多样性，如果全都种成了现在流行的稻种，就无法保护它的生物多样性了。所以说，农业文化遗产保护给我们提供了一种全新的理念。对于其他的文化遗产，比如故宫，只要不毁坏它就可以了，但农业文化遗产本身是一种活态的农业生产方式，我们不可能把人迁出去，而且还需要当地农民通过农业生产来进行保护和传承，这就是活态保护。这有点像非物质文化遗产，只是非物质文化遗产主要依赖传承人，农业文化遗产还受到自然条件的影响。我的理解是，农业文化遗产是人类活动的产物，而且是与自然条件相适应的产物。所以说，农业文化遗产会给中国的遗产保护领域带来一种全新的保护理念。

郭　旋：在您接触或者介入农业文化遗产事业之后，还做了哪些您认为有意思的事情？

李大庆：陕西佳县古枣园的申报，是我向闵老师推荐的。我的单位是科技日报社，是科技部的下属单位。我们那座楼里还有中国科技信息研究所。这个所里有一位同志2011年在佳县挂职副县长，但我们不熟悉。作为一名挂职干部，他想为地方做点实事，做点贡献。他知道那里有一片古枣园，在了解了农业文化遗产后，就想看能不能申报农业文化遗产。他从网上搜了好多文章，知道我在跟踪报道这件事，就联系我，说想推动农业文化遗产申报与保护工作，咨询我是否可以推进，如何推进。我马上就和闵老师进行了沟通，他说可以。之后，陕西佳县就邀请闵老师和一些专家到佳县考察、座谈。座谈会上，闵老师介绍了全球重要农业文化遗产的概念和申报要求，并结合实地考察情况，认为佳县古枣园完全符合联合国粮农组织的申报要求。后来，闵老师和佳县建立了联系，带领团队承担了该县的农业文化遗产申报工作。

另外，就是我积极推动其他媒体对农业文化遗产进行宣传报道。《光明日报》的齐芳就是我介绍进来的，还有《农民日报》的郑惊鸿也是。闵老师之前先后找了好几位《农民日报》的记者，但基本没有深入、持续地进行报道，郑惊鸿现在已成为《农民日报》专门报道农遗的记者了。

郭　旋：除了这些，还有哪些事情让您难以忘怀？

李大庆：讲几个简单的小细节。我记得参加农业文化遗产报道不久，曾经问过闵老师："你来过青田多少次了？"他说记不清了。我就想，一个人去过的地方怎么能记不清有多少次呢？现在理解他了。他当时说有三十多次，三十多次确实不好记清楚。

还有一件事情我印象比较深。有一次我们很多人一起在机场候机，有人说，闵老师，您怎么这么多白头发？闵老师就开玩笑说，熬这么多年熬出这么多白头发，才把农业文化遗产做到现在这个程度。我觉得他挺不容易的。

我曾经写过一篇稿子，就是介绍闵老师的，大致占了2/3个版，主要介绍联合国粮农组织颁发给他的一个奖。文中有这样的内容：闵老师的女儿说"我爸说梦话时都说过农业文化遗产，心里想的都是农业文化遗产"。我当时是挺感慨的，他确实是把全身心都投入到农业文化遗产工作中去了。人的精力是有限的，如果在某一方面有所成就，一定是牺牲了很多其他东西，比如家庭生活、业余爱好等。

我一直认为，与其说闵老师是一位农业生态方面的专家，倒不如说他是一位农业文化遗产的优秀组织者或者优秀管理者。每次活动他邀请的专家，很多都比他名气大，比如曹幸穗老师，他是中国第一个农史博士，连续三届全国政协委员；骆世明教授，不仅是著名的农业生态学家，还是华南农业大学校长。闵老师在组织管理方面能力非常强，他有着特殊的人格魅力，能把很多人组织到一块。当然，现在他也是政协委员了，名气也大了。

还有一件有趣的事情，就是关于哈尼梯田的水稻。哈尼梯田的水稻产量不高，但是其他品种在那儿又不太容易成活，而且一个地方长期种植一个品种，这个品种也会逐渐退化。但云南农业大学原校长朱有勇院士发现，哈尼梯田的水稻基因在一百多年来变化不大。我就特别奇怪，他是怎么知道他研究的水稻有一百多年的？据他介绍，他在考察过程中发现了一处哈尼族老屋，生活在屋中的老人回忆说这房子是他爷爷那个年代建的。哈尼族人有个习惯，就是在建房的时候要在房梁上挂一把稻穗。房子有多久，那把稻穗就有多久。朱院士把它取下来，与现在种植的品种进行了基因对比。我觉得朱院士寻找那个水稻样本的过程特别有意思。从这个例子我们也可以知道，农业文化遗产里面确实有很多秘密需要我们慢慢破解。

青田农遗报道印象
——齐芳访谈实录

采访时间： 2024年7月16日下午

采访地点： 浙江青田稻鱼共生系统博物馆

采 访 人： 王博杰　罗友渔

受访人： 齐芳，《光明日报》高级记者，多次进行农业文化遗产报道。（齐芳/提供）

王博杰：您参与了青田县农业文化遗产报道工作，想问您第一个问题，您最早接触到农业文化遗产是什么时候？是通过什么样的契机开始接触的？

齐芳：是李大庆老师带领我开始报道农业文化遗产的。我当时是跑中国科学院的记者，李文华院士他们团队一直在做农业文化遗产的相关项目。我记得他们的第一个项目试点是在青田，当时正在进行调研。2006年时有专家团队来青田考察，我就是那个时候和李老师一起来参加青田的调研考察的。

那是我第一次来青田县龙观村，印象特别深刻的是，当时这里几乎没有像样的路，交通极为不便。我们住在附近唯一的一家宾馆，宾馆后面全是山，山后面是泥泞的土路。我还开玩笑说，希望别下雨，不然泥石流可能会把我们埋了。那时条件确实非常艰苦，很多学生和老师都在这里工作、学习。龙现村被称为"华侨村"，但村里的生活条件还不是很好。比如说，我们睡觉的时候，经常能看到老鼠和蟑螂跑出来，生活条件很差。

王博杰：您在参与农业文化遗产的过程中，具体做了哪些工作呢？

齐芳：其实，我当时并没有做太多工作，主要是撰写了一篇报道，记录了青田农业文化遗产的内容。那篇文章大概有8000字，青田是当时唯一的案例，我把它作为农业文化遗产的样本进行了深入阐述。我采访了很多老师，比如李文华院士、闵庆文研究员、胡瑞法研究员，以及华南农业大学的骆世明教授、浙江大学的陈欣教授、中国艺术研究院的苑利研究员、北京师范大学的吴殿廷教授等，他们都参与了。那篇文章的题目叫《农业文化遗产：留下那首祖辈传唱的歌》，核心思想是，农业文化遗产不仅仅是一个科学项目，它的意义远远超越了科学本身，涉及文化、历史等层面。对我们国家来说，它在民族认同感的构建、文化的持续性以及精神意识形态的传承上具有重要意义。那篇报道当时在农业文化遗产领域相对较为全面。后来我们报社不仅是我，还有很多记者站、跑农业部和文化领域的记者，都参与了农业文化遗产的报道。

王博杰：在您参与的过程中，有哪些事情让您特别难以忘怀？能不能举一两个例子？

齐芳：第一个让我印象深刻的，是中国科学院推动这件事的艰难程度。当时闵老师年纪也不小了，头发也有些白了，但依然充满活力。采访他的时候，看到他和农业部一些领导交流，明显感觉到作为一位科学家，特别是在科学和人文交叉的领域，要推动一些事情真的很难，这点我印象特别深刻。

另一件印象深刻的事情是，闵老师团结了一大批科学家。当时很多人虽然研究农业历史，但并未涉及农业文化遗产。闵老师通过自己的努力，让大家意识到农业文化遗产的重要性，他团结了很多相关领域的专家，在整个考察过程中，大家的认识也逐步得到了提升。

我还记得在青田，当地村民展示了如何用一种木质工具推水，这其实是一种控制害虫的方式，可以通过这种方式将水稻叶子上的害虫震下来，变成鱼和鸭子的食物。华南农业大学的骆世明教授当时特别敏锐地指出，这是一个完整的自然循环系统。

王博杰：您现在还在从事这方面的工作吗？

齐芳：是的，我还在《光明日报》，主要围绕中国科学院的工作进行新闻报道。

王博杰：最后一个问题，您现在如何看待农业文化遗产工作？对未来有什么建议？

齐芳：现在农业文化遗产的概念非常火热。以前只有中国科学院在做这件事，只有少数记者来报道，但现在地方政府也把农业文化遗产作为当地的一张名片，许多地方记者站也做了很多报道。农业农村部作为农业农村的主管部门，也做了很多工作，文化和旅游部涉及得少一些，主要是从考古和遗址的角度来推进。这种多方面参与管理的情况，说明大家对农业文化遗产越来越重视，但也带来了一些问题，各个部门的认识不完全一致。

比如，从考古的角度来看，遗址是不能改动的，但地方政府需要通过发展农业文化遗产来带动地方发展，各部门的政策之间有时会发生冲突。农业文化遗产的保护目前参照了自然遗产和文化遗产的模式，但这可能并不完全适合农业文化遗产，农业文化遗产需要考虑到发展的需求，需要制定一些与其特性相适应的政策。比如，农业文化遗产地的产量相对较低，如果想增加经济效益，可能需要依托旅游业，但旅游业也面临挑战。就像贵州从江这一农业文化遗产地，一些地方已经成了景区，但每个景点的体验几乎是一样的，缺乏移步换景的感觉，游客的体验感不是很好。农业文化遗产需要更多的周边项目，为游客提供多样化的体验。农业文化遗产的景区需要规划，既不能破坏当地的传统生活方式，又要提升游客的旅游体验。

2015年9月，郑惊鸿（左二）参加“中科院记者行”活动到青田采访（郑惊鸿/提供）

三赴青田探稻鱼

第一次知道“浙江青田稻鱼共生系统”，是在2011年10月应邀赴陕西榆林参加的陕西佳县古枣园保护发展研讨会上。我在会上听了中科院地理资源所闵庆文研究员的专题报告，得悉“浙江青田稻鱼共生系统”这个1300多年的农业文化遗产，是联合国粮农组织于2005年6月给予授牌的中国第一个全球重要农业文化遗产。三天的研讨会让我受益匪浅，由此认识了闵老师，并受其影响，十多年来一直持续关注报道我国各遗产地的发展和创新实践，与我国农业文化遗产结下了不解之缘，也因此得以有机会多次到青田实地感受我们先祖流传至今的农耕智慧文明。

远古智慧：剃山为田，稻鱼共生

2015年，是“浙江青田稻鱼共生系统”授牌10周年。由青田起步，这10年间，我国农业文化遗产保护事业蓬勃发展，先是成立了农业农村部全球重要农业文化遗产专家委员会，继而建立起了中国重要农业文化遗产评审制度。风生水起间，我国11项传统农业系统被列入全球重要农业文化遗产保护名录，在世界遥遥领先，位居第一。而青田作为标杆，也成为世界各国的培训基地。这一年的9月正是稻黄鱼肥的收获时节，跟随中国科学院组织的采访团，我第一次走进位于瓯江中下游、素有“九山半水半分田”之誉的石雕之乡、田鱼之乡——青田。

从温州驱车1小时便到了青田县城，距离县城半个多小时的车程就到了这个世界级农业文化遗产的核心保护区方山乡龙现村。村口赫然立着费孝通的题字——中国田鱼之乡。走进群山环抱的龙现村，正是即将收获的季节，层峦叠嶂间，蓝天下铺陈着大大小小或如腰带或如眉毛的稻田，随山势地形的高低不同，或黄或绿，一片一景，美不胜收，书写着祖辈先民与大自然和谐共生的人间奇迹。

走近一看，更为神奇的是橙黄碧绿的水稻间自由自在游动着的巴掌大小的红色田鱼，鱼与稻相互依存，与山间清净的空气、梯田、溪水一起，组成了一个个复合的生态系统。踏着比单脚大不了多少的青石、泥草垒砌的田埂，小心地紧随前者脚步，去探访这个水中的精灵。健步如飞早已走到前方的时任县农业局副局长张晓海回头介绍：这个田埂的垒法，自古流传。不用水泥砌起，主要是考虑田鱼有拱泥的习惯，用水泥会伤了田鱼，为了田鱼健康成长，稻田主人宁可时常去做维护。你看我们这里的水稻是不是比其他地方的秆壮穗大？这就是田鱼的功劳。因为田鱼，我们种田不用化肥，环保又安全。说话间，一行白鹭鸣叫着或在山峦间翻飞，或停在田埂上嬉戏，见我们靠近又惊得展翅一飞冲天，翩然而去，似在映衬着张晓海所言不虚。众所周知，被誉为“环保鸟”的白鹭，对栖息的环境要求比较苛刻。

时任北京联合大学副教授的孙业红，从2005年起就带着团队开始跟踪观察监测青田稻鱼共生系统。她告诉记者，青田的稻田养鱼，是一种典型的生态农业生产方式。在这种复合农业生态系统里，水稻为鱼类提供庇荫和有机食物，鱼则发挥耕田除草、松土增肥、提供氧气、吞食害虫等功能，这种生态循环的稻鱼共生系统通过“鱼吃昆虫和杂草－鱼粪肥田”的方式，让稻田自身得以维持正常的循环，保证了农田的生态平衡，增加了生物多样性，解决了病虫害防治的问题，在青田，几乎所有的梯田均采用古法稻鱼共生方式耕作，生态系统呈现稳定态势，稻鱼都没有病害。

其实，稻鱼共生系统在世界许多国家都有，只是在中国历史最为悠久。青田县的稻田养鱼始于唐睿宗景云二年（公元711年），《青田县志》中有详尽的记载。自古田鱼有4种颜色，因红色喜气而得以独留并广布田间。稻田养鱼，是农耕社会的神来之笔。传说方山乡的先民偶然间在放溪水灌溉时，把鱼苗带进了水田。没有想到秋天收获稻谷时，梯田里还能额外收获一尾尾肥美的鱼儿。这鱼经过先民一代代的驯化，进化成特殊的品种——田鱼，模样还是鲤鱼，但鱼鳞柔软，鱼肉鱼鳞都分外甘美细腻。

这是一个神奇的小山村，更是一个田鱼乐园。全村有396亩农田、140多个水塘。龙现村人珍爱这田间的精灵，房前屋后必有引活水蓄积的鱼池。到了冬天，人们会把稻田里的田鱼捉到水池里，覆盖上树枝保暖，安然过冬。鱼儿像精灵一样游动，给山居生活增添了一抹诗意。

青田这种古老的农业生产方式，因2005年6月全球重要农业文化遗产的授牌，在蜚声海内外之余，也让这个小山村发生了翻天覆地的变化。农民伍丽贞是全球重要农业文化遗产授牌和保护的见证者、参与者和受益者。她告诉记者，龙现村成了世人关注的焦点。上至县委、县政府，下至村里每一位乡亲，都十分重视并自觉维护家园。村庄由专家科学规划，拆除了一些违章建筑，村里有了专门的清洁组，保护植被、绿化环境成了乡亲们更加自觉的行为，销声匿迹多年的白鹭等飞鸟也随处可见了。

“就在昨天，来自世界各地的27个国家的代表，到我们龙现村集中培训，这可是全球第一块牌子。”时任青田县农业文化遗产保护中心研究员的吴敏芳非常自豪地指着竖立在龙现村头的石雕说。

“如何把遗产地潜在的生态与文化价值变成现实的生产力，这是10年来我们始终在做的工作。”闵庆文告诉村民，在继续传承稻鱼共生的种养模式、弘扬“鱼灯舞”等传统文化的同时，还可以凭着全球重要农业文化遗产这一“金字招牌”，凭着我们特有的生态资源和文化资源，开发多种多样的产品，开展各种主题活动，吸引各地的游客来吃田鱼、体验稻鱼养殖、当一天农夫，多方式促进农业生产的发展和生态的保护与文化的传承，在动态保护中让农民得到实惠，进而促进农业文化遗产的保护。

“知名度提高了，周边省份很多城里人，甚至有外国人，都结队到我们村里来玩、来休假。”境内外访客、游者纷至沓来，敏锐的伍丽贞瞄准了这个商机，在县有关部门的支持下，于2009年开了龙现村首家渔家乐，外带销售鲜活田鱼、田鱼干、农家酒等土特产品，生意兴隆。弹指6年过去，伍丽贞和她的丈夫杨民康一边在50亩田里种稻养鱼，一边经营着渔家乐，年收入已从10年前的几千元达到目前的近百万元，在村里盖起了5层小洋楼，儿子开上了小汽车，还在县城购置了一套高级公寓，“全额一次付清，这是我做梦也想不到的。”伍丽贞高兴地说。

不仅伍丽贞家，全村人都在保护农业文化遗产中受益。“现在村里还有5家农家乐，都比我家的规模大。以前我们村的田鱼顶多每斤卖10元钱，如今每斤可以卖到60元钱，最好的田鱼干每斤260元钱还得订单等待。去年来村里的游客有10多万人，仅我家鱼干就卖了8000～10000斤。可以说，戴上‘农业文化遗产’这个品牌桂冠，10年间我们的生活是一个天和一个地的不同。我们农民遇到了好时代。”

不负众望，走过10年，青田县这个我国首个全球重要农业文化遗产地，已经成为研究农业科学技术的“实验室”、展示传统农业文化的窗口、生产生态文化型农产品的基地、开展生态文化型旅游的目的地。在这里，后代看到了先祖的远古智慧。

总干事竖大拇指：让百姓受益，是农遗保护发展的出发点

没有想到，不到一年，在第45个世界环境日的前夕，我第二次受邀再赴青田，跟随采访时任联合国粮农组织总干事的何塞·格拉齐亚诺·达席尔瓦。

2016年6月4—5日，在结束了于我国举行的二十国集团（G20）农业部长会议后，格拉齐亚诺专程从西安赶到浙江青田考察世界上第一个授牌的全球重要农业文化遗产稻鱼共生系统。在遗产核心区方山乡、仁庄镇，格拉齐亚诺饶有兴趣地观赏了古老的民间文化“百鸟舞”以及方山学校5～8年级学生表演的鱼灯舞，并参观了在学校设置的农耕文化园。

正是芒种时分，走进遗产保护核心区龙现村，我们看到群山环绕间的梯田层层叠叠，三三两两的农民有的正在赶牛犁田，有的正在抛秧栽种，还有的农民在已经有20多厘米高水稻的水田间投放鱼苗。时任中国驻联合国粮农组织大使牛盾向格拉齐亚诺介绍，中国农耕历史悠久，创造了适应自然条件的种类丰富的生态农业模式，浙南山区的青田县稻田养鱼就是一个典型代表。早在1300多年前，这里的先民依山种稻，同时稻田养殖鲤鱼，历经千年驯化培育出了极具地方特色的鱼种“青田田鱼”。至今，这里的百姓依然保持着“田面种稻、水体养鱼，稻花肥鱼、鱼粪肥田，稻鱼共生、鱼粮共存”的生态循环的稻鱼共生

系统，解决了病虫害防治的问题，还形成了“山地—森林—村庄—梯田—水系”的自然景观和“有塘皆有水、有水皆有鱼”的文化景观，衍生出鱼灯舞等非物质文化遗产和田鱼捞饭、田鱼干炒粉干等特色美食文化。随后，饶有兴趣的拉齐亚诺与牛盾一起拿起葫芦瓢，把一筐村民自己繁育的红色田鱼苗投放到水田里。

在结束了一整天的考察后，格拉齐亚诺接受了记者采访。他说，今天是第45个世界环境日，联合国粮农组织2002年提出要保护全球重要农业文化遗产，目的在于保护全球不同地区农民几千年来流传至今的宝贵知识与经验，并将其应用于未来农业的可持续发展。青田的这个全球重要农业文化遗产已经存在了千余年，这一遗产的成功之处在于稻鱼共生系统协同其他产业的发展并创造了更高价值，让区域内的农民真正受益并自觉地开展保护，我认为这也是衡量农业文化遗产是否成功的重要标准。他说，这个远古的中国农业文明充满了活力，它不仅惠及水稻与田鱼，也为当地农民创造了就业机会，促进了餐饮、旅游等产业的发展。青田稻鱼共生系统在不破坏环境的前提下合理整合利用资源，协同增效，树立了全球典范。

重要农业文化遗产不仅仅为人们提供了优良丰富的产品，还有更多的社会功能。中国建立起的重要农业文化遗产体系，采取了最具综合性的保护措施，11个全球重要农业文化遗产不仅得到有效保护，同时也注意以可持续发展的方式合理开发利用资源，在大大增加遗产保护区农民收入的同时，还带动了农村社会发展，起到了协同增效的作用，是世界农业文化遗产保护工作的典范，为世界可持续农业发展作出了贡献。

模范农民引领：把遗产潜在价值变成生产力

为庆祝世界首个全球重要农业文化遗产“浙江青田稻鱼共生系统”入选15周年，在第三个中国农民丰收节到来之际，浙江省农业农村厅、丽水市人民政府于2020年9月22—23日联合在青田县城及方山乡龙现村隆重举行系列庆祝活动，我也荣幸地被邀请，第三次走进青田县龙现村。

庆典活动是在丰收的稻田举行，“问稻鱼儿欢”各种大大的喜庆卡通装点着青山绿水田畴，也点燃了现场。

在梯田里的一个小平台，联合国粮农组织官员、全球重要农业文化遗产发起人、世界农业文化遗产基金会主席帕韦兹·科哈夫坎向与会者做了长篇致辞。他说，青田稻鱼共生系统是全球重要农业文化遗产旅程迈向伟大成功的开始，是农业可持续发展最具说服力的典范，是一个面向未来的遗产。非常高兴中国成为全球重要农业文化遗产数量最多的国家，他希望中国能持之以恒地培育发展全球重要农业文化遗产，为了现在和将来，为了我们的子孙后代。

随后，时任青田县主要领导致辞表示，15年来，青田县始终坚持在保护中发展、在发展中保护，践行“绿水青山就是金山银山”的发展理念，积极并持续不断探索全球重要农业文化遗产——浙江青田稻鱼共生系统保值增值的有效路径，充分利用独特的生态与文化资源优势，积极发展多功能农业，制定实施稻鱼共生系统保护发展行动计划，在全县适宜稻鱼共生系统的乡村推广“一亩田、百斤鱼、千斤粮、万元钱”绿色种植模式。当地以青田县侨乡农业发展有限公司为龙头，专门负责营销“青田稻鱼米”和推广标准化“青田山区稻鱼米技术规程”，实行“五统一”经营管理。2019年，全县5.04万亩稻鱼共生系统以标准化的规程生产，水稻平均亩产450千克、田鱼平均亩产35千克，总产值2.2亿元，农民平均亩增收1000元。其中，核心示范基地1万亩实现亩产万元目标，建成稻鱼特色乡镇（园区）4个，实现年综合产值5亿多元，促进了农民增收，让生态价值转化为经济效益，把遗产潜在价值变成了生产力。在总结农业文化遗产保护经验时，联合国粮农组织称赞中国青田为世界农业文化遗产保护树立了典范。

在龙现村现场，被联合国粮农组织授予“亚洲模范农民”称号的归国华侨金岳品，代表52万青田人和分布在120个国家的27万名海外侨胞发出保护重要农业文化遗产庄严倡议：弘扬中华优秀农耕文化，赋能乡村振兴。坚持保护优先，注重适度利用，做重要农业文化遗产的保护者，让中华优秀传统文化世代相传；在发掘中保护，在利用中传承，在发展中创新，做重要农业文化遗产的传承者，让这一中华优秀传统文化在乡村振兴和美丽中国建设中不断焕发新的生机；讲好中国故事，贡献中国智慧，做重要农业文化遗产的传播者，让中华优秀传统文化惠及全球、造福人类，让世界农业共享中国智慧。

青田，因石头而闻名，是中国“石雕之乡”；青田还是我国著名“华侨之乡”，全县人口52万人，但旅居国外的青田人就达27万多人，分布在世界120多个国家。如今的青田，还因境内延续留存有1300多年的“稻鱼共生系统”而声名大噪，成为联合国粮农组织首批全球重要农业文化遗产地之一。大批年轻人竞相出国30年后，近年已有不少人开始从国外返乡创业。15岁走出国门讨生活的方山乡村民金岳品，就是一个典型代表。2007年，45岁的金岳品在法国已有自己的中餐馆，当了30年厨师，返乡后再次吃到妈妈烧的田鱼时，他突然做出了一项决定，不顾所有人反对，于2008年初带着积蓄投身“稻田养鱼”事业。他的返乡带动了方山乡近百户乡亲加入稻田养鱼事业，搅动了青田一池春水。

在金岳品的浙江方源生态农业开发有限公司，他坦陈，那些年欧洲经济不景气，但身为厨师的他，知道有机农业的世界市场有多大，断定家乡的稻田养鱼是他的机会，蕴藏着希望和未来。他13载深耕田间与市场的生态产业链，向中国科学院专家和上海海洋大学教授讨经验、要技术，不但掌握了生态农业的精髓，还发展了田鱼孵化技术，突破了一年两季的孵化局限。2009年，金岳品组建了方源田鱼养殖专业合作社，前三年投入了几百万元见不到效益，一直到2012年才开始微盈利30万元。2014年，他又成立了生态农业开发公司，拿下了田鱼和稻米两项国家绿色食品认证。“现在我的品牌米每斤售价30元，田鱼干每斤售价260元，根本不愁销路，产品每次亮相各地的农博会都会被热捧。”自此，许多农民追着要加入合作社，要学稻鱼共生新技术。按照金岳品摸索出的稻鱼共生最大承载量，每亩田鱼能收120千克，稻米能收400千克，不算节省的人工，一亩地年收入在万元以上。借助全球重要农业文化遗产的品牌，金岳品的稻鱼有机产品，在欧洲市场也很抢手，每周都要发货，成为欧洲中餐馆的招牌菜。田鱼是按条销售，还成为外国人饲养的观赏鱼，每条40欧元。

致力于存续先民智慧的金岳品，终于收获了他的梦想。2014年10月“世界粮食日”期间，他在泰国捧回了“亚洲模范农民”的奖牌。“中国人的饭碗要端在自己手上，要给子孙后代留下一块良田。”金岳品说，这是他雄心背后的朴素念想。闵庆文说：伍丽贞和金岳品的成功，恰是联合国粮农组织推动全球重要农业文化遗产项目所希望的，就是要传承农耕文化、保护生态环境、促进农民致富，实现乡村振兴和农业可持续发展。

青田20年的探索实践，成为世界可持续农业发展的典范。

（郑惊鸿，正高二级编辑，1984—2023年就职于《农民日报》）

PART 5

第五部分

部分重点活动总结及媒体报道

保护农业文化遗产：中国在行动

王　卉

有着近1300年历史的浙江省青田县方山乡龙现村的稻鱼共生系统，日前被正式确定为首批5个全球重要农业文化遗产保护项目之一。它的入选，成为中国唯一的入选项目，将得到联合国粮农组织对该世界遗产的保护。

按照联合国粮农组织的定义，全球重要农业文化遗产是“农村与其所处环境长期协同进化和动态适应下所形成的独特的土地利用系统和农业景观，这种系统与景观具有丰富的生物多样性，而且可以满足当地社会经济与文化发展的需要，有利于促进区域可持续发展”。

全球重要农业文化遗产属于世界遗产的一部分，在概念上等同于世界文化遗产。其目的是对全球重要的、受到威胁的传统农业文化与技术遗产进行保护。联合国粮农组织计划在全球10个国家挑选出10个保护项目，最终计划在全球设立100 ～ 150项全球重要农业文化遗产保护项目。

2003年开始，联合国粮农组织展开全球重要农业文化遗产保护项目的申报工作。中国科学院农业政策研究中心与联合国大学共同将我国的稻鱼共生系统进行了申报，并建议候选保护点选在浙江省、贵州省或江苏省。后经联合国粮农组织全球重要农业文化遗产保护委员会投票，在全球数十个申请项目中，浙江省青田县龙现村的稻鱼共生系统排名第二，被列入首批全球重要农业文化遗产保护项目。

青田县龙现村的稻鱼共生系统作为一种典型的复合农业系统，能提供多种产品和服务：通过水稻生产保障粮食安全；能获得高质量的营养和较高的经济收益；有利于疟疾的预防；有利于保护生物多样性；有利于控制作物病虫害；有利于维持系统中的碳循环和养分循环。稻鱼共生系统是一种典型的通过生态功能的提高促进经济效益和社会效益提高、促进农村可持续发展的有效途径。

为了保证项目成功启动和顺利实施，2005年6月9—11日，农业部国际合作司和种植业管理司、中国科学院地理科学与资源研究所自然与文化遗产研究中心（筹）、浙江省农业厅、青田县人民政府和联合国大学等项目合作单位，将在杭州召开全球重要农业文化遗产保护项目“稻鱼共生系统”启动研讨会，并在项目点举行授牌和揭碑仪式。

2005年6月10日，全球重要农业文化遗产授牌仪式（青田县农业农村局/提供）

（原刊于《科学时报》，2005年6月8日）

稻田养鱼：因为脆弱所以保护

李大庆

2005年6月11日，浙江省青田县方山乡的龙现村突然热闹起来。

来自联合国粮农组织、联合国大学、中国科学院、农业部和浙江省的官员、专家，以及媒体的记者，一起聚集在这个只有数百人的小山村。

村口新竖起的一块牌子上面用中英文写着“全球重要农业文化遗产（GIAHS）——传统稻鱼共生农业系统”，下面的落款则是：联合国粮农组织（FAO）、联合国发展计划署（UNDP）和全球环境基金（GEF）。

龙现村出名了，既不是因为出了名人，也不是因为村里挖出了什么宝藏，它的出名仅仅因为它保留了中国传统的耕作方式——稻田养鱼。

农业文化遗产——一个全新的概念

从20世纪80年代开始，经济可持续发展和生态农业就逐步成为全球发展中一股不可抗拒的潮流。科学家们认识到，随着现代技术在农业生产中的不断应用，机械化、专业化、社会分工的水平越来越高，传统的农业生产技术面临着失传绝迹的危险。又由于人口的骤增，为追求粮食产量，农民们大量栽培杂交稻，使水稻的品种在减少，广泛使用化肥、杀虫剂，又使地力下降，农田环境受到污染。

从可持续发展的角度出发，科学家们提出了保护传统农业技术的问题。

2003年，联合国粮农组织组织了对全球重要独特农业遗产保护项目的申报工作。中国科学院农业政策研究中心与联合国大学共同将我国的稻鱼共生农业系统进行了申报，并建议候选保护点为浙江省青田县的龙现村和贵州省从江县的增冲村。

经联合国粮农组织全球重要农业文化遗产保护委员会投票，在全球数十个申请项目中，青田县龙现村的稻田养鱼被列入首批全球重要农业文化遗产保护项目。

2005年6月9日，全球重要农业文化遗产保护项目“稻鱼共生系统”
启动研讨会在杭州市举行（青田县农业农村局/提供）

青田县稻田养鱼——一个1200[①]多年的习惯

青田县地处浙东南，离温州市较近。龙现村又地处青田县的东南，是一个远离交通干道的山村。这里的村民有稻田养鱼的耕作习惯，已延续了1200多年。

稻田里养的叫田鱼，是鲤鱼的一个变种。养鱼的水是从山上流下来的，水质很好。在这种水质里养的鱼，鱼鳞是软的，可以吃。田鱼的味道很美，比温州产的同类的鱼要贵一倍多。在青田县，去年有10多万亩水田采用稻田养鱼的耕作方式。

据参与申报全球重要农业文化遗产保护项目工作的中国科学院农业政策研究中心胡瑞法研究员介绍，在农业社会中，稻田养鱼对农户来说是一种特别合适的生产方式。在山区，在经济不发达地区，采用稻田养鱼使农户既能获得维持生命的碳水化合物，又能获得一定的蛋白质营养，可以说是一举两得。在田里，水稻可为鱼类提供荫凉和有机物质，而鱼类又可以为水稻提供氧气、吞食

① 青田县于公元711年建县，至2005年文章发表时有1294年历史。

害虫，这有益于养分循环，达到粮食增产目的。

稻田养鱼在中国已有2000多年的历史。目前全国还有20多个省、市还保留着稻田养鱼的耕作技术。但随着全国农业生产技术的逐步提高和社会的现代化，近年来稻田养鱼的面积呈缩小的趋势，2001年苏北地区还有20万亩实行稻田养鱼，但如今却连1万亩都不到了。如果不加以特殊的保护，以中国目前的科技和经济发展速度，用不了多久，稻田养鱼就会变成“历史”。

保护难度极大——一个不可回避的现实问题

龙现村的稻田养鱼被确定为首批全球重要农业文化遗产保护项目，但记者在采访时发现，不论中外，没有一人具有保护这样一项遗产的经验。由于联合国粮农组织在如何保护农业文化遗产方面还没有成功的经验，目前所确定的可以说是试点项目，目的正是摸索经验，以向其他地区推广。因此，农业文化遗产的保护难度极大。

首先，虽然名称上挂的是“全球重要农业文化遗产”保护项目的牌子，但稻田养鱼除了具有一定的文化内涵之外，它还是一种生产方式，一种农民赖以生存的耕作方式。这点与世界文化遗产和自然遗产的保护完全不同。世界文化遗产和自然遗产的保护相对简单，只要将遗产项目的区域划定，将影响或有损于遗产的建设项目迁出，杜绝人类对它的破坏，再加上保护性的修复，就能基本保护好文化遗产和自然遗产。但农业文化遗产的保护却不是如此简单。以稻田养鱼为例，现在它依然是龙现村村民的生产方式，是他们生存的“饭碗”，农民现在还会沿袭这种耕作方式，自觉不自觉地“保护”这种农业传统。但如果当地的农业生产技术进步了，有了更先进的生产方式，谁还能要求龙现村的村民必须固守着自己的耕作传统而不发展？这时又怎么保护“稻田养鱼”呢？

其次，总体来看，在相对落后的地区采用稻田养鱼的较多，越是落后的地方其比较效益也就越好。虽然它不如单独种植水稻或单独养鱼的收益高，但在以自然经济为主的条件下，它能一举两得。可是，随着社会发展，商品经济之风早晚会吹遍中国的村寨。如果那时，一家养鱼，三家植稻，实行简单的以物易物，或者全部养的鱼都用于贩卖，恐怕稻田养鱼也难以得到有效保护。

中国科学院地理科学与资源研究所自然与文化遗产研究中心（筹）闵庆文

研究员这样分析，农业文化遗产的保护有很大的难度，但联合国粮农组织依然要做此项工作。这些重要农业文化遗产对发达国家来说，也许没有多少用，但对于不发达国家和地区则非常有用。如稻田养鱼可能对非洲一些地方就很有用，既可以解决他们吃米的问题，又可以解决营养的问题。

中国科学院农业政策研究中心胡瑞法研究员也有同感，稻田养鱼的耕作方式，不用化肥，不打农药，稻鱼双收，或许这是发展绿色农业的一条可借鉴之路。

以旅游业带动保护——一个尚未实现的设想

按照联合国粮农组织的要求，被确定为首批全球重要农业文化遗产的项目，要在一年内拿出具体的保护规划，在未来5～7年具体实施这个规划。青田县龙现村的稻田养鱼的保护工作现正处于规划编制阶段。胡瑞法和闵庆文还向记者介绍了保护稻田养鱼的一些基本设想。

与世界文化遗产和自然遗产保护不同的是，农业文化遗产的保护必须实行“动态保护”，必须让农民继续采用稻田养鱼这种耕作方式，并因此而获益。胡瑞法、闵庆文等专家设想的“蓝图”是：以生态旅游业的发展推动稻田养鱼的保护，以类似温州“后花园”的定位巩固稻田养鱼的发展。

专家们与当地政府的领导已经达成了共识：在编制保护规划的一年时间里，龙现村的建设项目暂时冻结，一切服从于遗产保护的需要。青田是“石雕之乡”，盛产名石，石雕质地晶莹湿润，色感雅丽，雕刻技术精湛，已闻名于世1700余年。如果能够吸引游客到龙现村游憩，感受垂钓的乐趣，品尝田鱼的美味，在旅游休闲之余再买上几尊以稻田养鱼为主题的石雕作纪念，或带回若干田鱼干送给亲朋好友，自然会推动当地经济的发展。

胡瑞法、闵庆文等专家认为，龙现村可以说是“一夜成名”了。由于全球重要农业文化遗产属于世界遗产的一部分，在概念上等同于世界文化遗产，因此龙现村在未来的名气会更大。对于这样一个遗产保护地，会有越来越多的中外人士到此参观旅游。这种旅游会对当地的经济发展起到巨大的推动作用，会使农民增加不少收入。

正是有了这种收入才可以促使农民继续保持他们的稻田养鱼传统。当然稻田养鱼作为“主业”得有吸引力，虽然稻田养鱼可能挣不了太多的钱，但是如果没有它，或保护得不好，旅游业就发展不起来，就会影响收入。

不过设想终归是设想，还没有变成规划。保护工作还有很多困难。毕竟保护全球重要农业文化遗产是一项前所未有的挑战性工作，它需要我们的勇敢，更需要我们的智慧。

（原刊于《科技日报》，2005年7月12日5版）

农业文化遗产：留下那首祖辈传唱的歌

齐　芳

“浙江青田稻鱼共生系统”被选为联合国粮农组织首批5个全球重要农业文化遗产试点之一，去年6月正式挂牌，为期6年的项目试点阶段将于明年正式开始。为什么要保护农业文化遗产？保护什么？如何保护？中国工程院院士、中国科学院地理科学与资源研究所自然与文化遗产研究中心主任李文华研究员说：“现在是到了用现代技术武装传统农业，用传统农业思想反思现代农业发展的时候了。”

浙江省青田县龙现村掩映在浙南群山深处，老人们传说这里曾经现过真龙，所以才有了“龙现”的村名。吴小舟村长带我们进村，他指着环抱着村庄的群山说：“这座山叫奇云山，那座山叫元宝山。那山顶有个大草坪，是浙南第二大草坪呢！”或许是草场涵养了水源，龙现村一年四季水声潺潺，一条龙现溪分作几支盘绕过村里的每一个角落，再蜿蜒而下。

日出而作、日落而息。千百年来，龙现村人延续着老祖宗的方法：芒种插秧，插秧后在稻田里放进由祖辈们就开始豢养、繁衍的田鱼，形成了独特的稻鱼共生系统。现在龙现村忽然因此而引起全世界的关注：“稻鱼共生系统”被联合国粮农组织选为首批5个全球重要农业文化遗产之一进行试点保护。

一切工作都在平稳有序地开展，农业部国际合作司负责项目的管理工作；中国科学院成立了自然与文化遗产研究中心，负责与联合国粮农组织的联系，并以此为切入点开展农业文化遗产保护研究工作；青田县成立了农业文化遗产保护机构，负责具体工作的实施，并正组织专家编制保护规划。然而，农业文化遗产保护还是新生事物，全世界都没有先例。因此，即便是执行者，心中也还有疑问——科学家和管理人员甚至老百姓都在思考：农业文化遗产，我们究竟要保护什么？为什么要保护？该怎样保护？

“一种生产方式的消失就好像一个物种的灭亡，对于人类来讲都是难以估量的损失。然而，我们要保护的不仅仅是‘稻鱼共生’的生产方式，更重要的是保护和发展人类与环境和谐相处的思想。”

台风过境之后，太阳又肆无忌惮地洒下金光，青田的街道仿佛下火般灼热。可龙现村里依然凉风习习。青绿的稻苗在依山势而下的块块梯田中整齐地排列着，随山风轻舞。如果你走上田埂细看，就会发现一条条或金或红的田鱼游弋在还不及膝深的水中。“这里的田鱼是鲤鱼的变种。”中国科学院地理科学与资源研究所自然与文化遗产研究中心副主任闵庆文研究员介绍说：“这里稻田养鱼的历史可以追溯到1200多年前。”

其实我国南方很多地方都有在稻田里养鱼、养鸭、养蟹的历史。专家介绍说，那时农业劳动生产率低下、产量低，为了有限地利用资源，老祖宗就想出了这么个一举两得的办法。随着近代集约化农业的发展，特别是农药、化肥的使用，这种生产方式逐渐退出了历史舞台。20世纪70年代左右，以中国科学院武汉水生生物研究所为代表的科学家们曾经发展出一套较为完善的稻田养草鱼的技术，在四川、湖北等地推广。这虽然是绿色产业，但是农民们发现，这种技术不能用农药、化肥，不仅麻烦，收入还不如单独种稻或单独养鱼，所以就逐渐荒废了。

然而在龙现村，这种传统的生产方式不但保存了下来，田鱼甚至已经成为村民生活中的图腾。除了田里，村里家家户户房前屋后的水塘里都养着田鱼，最大的田鱼足有成人的一臂长。过年时，村里人会舞上一曲鱼灯舞，编曲、编舞、扎灯……所有步骤都由这些面朝黄土背朝天的农人们完成。姑娘出嫁时，嫁妆里肯定有两雌一雄一组田鱼，稍微阔气点的家庭就陪送两组。外出打工的游子的背囊中，也总塞满了父母姐妹晒好的田鱼干。这里的人们养鱼、吃鱼，也敬鱼。

为了养鱼，村里的水稻田几乎不施农药，化肥也是能少用就少用。插秧、除虫、拔草……人们在祖辈们曾经走过的那道田埂上往返，时间似乎并没有在这里留下痕迹。吴村长介绍说，每到周末、假日，总有城里人来这里吃真正的绿色食品。在去年成为全球重要农业文化遗产保护试点后，人们更是络绎不绝地慕名从四面八方涌来。“杨民康、伍丽贞一家就是靠田鱼而致富的村民的典型。他们今年新开了一个渔家乐，靠开鱼馆、卖鱼干年收入超过10万元。”闵庆文对这里的一切如数家珍。

李文华说：“在我看来，一种生产方式的消失就好像一个物种的灭亡，对于人类来讲都是难以估量的损失。然而，我们要保护的不仅仅是‘稻鱼共生’的生产方式，更重要的是保护和发展人类与环境和谐相处的思想。”

闵庆文说：“对农业文化遗产的保护，不仅是要保留这种生产方式，更要找出这种生产方式对今天农业发展的借鉴意义。在中国的传统农业中，‘天人合一’的思想一直占据着主流位置。从某种程度上说，‘天人合一’就是要人与自然和谐发展。现代农业发展中的问题已经逐渐暴露出来，由于农药、化肥的过度施用，土壤退化、水污染、食品安全无法保障等诸多问题使农业可持续发展的前景变得暗淡不明。保护农业文化遗产，就是要保护农业文化遗产中人与自然和谐相处的思想和方法，并通过与现代农业技术的结合而加以推广。”

李文华的语气有些凝重，他说：“现在是到了用现代技术武装传统农业，用传统农业思想反思现代农业发展的时候了。”

“青田的稻鱼共生系统中还有很多秘密值得我们去探索、去研究。其实我国类似的农业文化遗产还有很多，我们实在不能放任这些宝贵的知识财富就此湮没。”

刚卸任华南农业大学校长不久、现仍担任热带亚热带农业生态研究所所长和中国生态学学会农业生态专业委员会主任的骆世明教授是第一次来到龙现村，一进村他就被“稻鱼共生”迷住了。他走街串户，深入到农民家中急切地想了解关于稻田养鱼的一切细节。“看，田鱼在撞击水稻！”骆世明兴奋地让大家观察：“这里的田鱼虽然是鲤鱼，可是已经发生了变异。田鱼的嘴比较坚硬，它们不仅能清除稻田里的杂草，甚至还养成了一种撞击水稻根部的习惯。这样一撞，水稻上面的害虫就掉到水里，鲤鱼不仅为自己找到了一顿美餐，还为水稻除了害虫。”

在千百年的演化中，龙现村人还发明了很多和“稻鱼共生”相适应的生产方法。农民们向科学家们演示了一种钉耙状的木质农具。“仅靠田鱼除害是不够的，我们通常会在稻田里洒些菜油，然后用这个工具站在田边推水。”一位农民介绍说："水面形成的波浪有几十厘米高，正好把稻子上的害虫卷下来，这些害虫一旦沾上了菜油就再也飞不起来了！"

这些发现让骆世明愈感兴奋。他说："如果没有农药、化肥，庄稼该怎么种？这不仅是个历史问题，更是一个关系到未来的问题。现在我们已经基本解决了温饱问题，必然追求高质量的生活，食品安全就是高品质生活的最重要组成部分之一。"

这里也是开展科学研究的"宝地"。浙江大学的陈欣教授在龙现村建立了一个试验基地。下午2点多是一天中最热的时候，她的两个研究生戴好草帽、穿着长衣长裤开始在田间穿梭。他们拒绝了记者的采访要求，认真地说："我们每天早、中、晚要测3次水温，现在正是水温最高的时候，再不去就来不及了。"陈欣介绍说，这两个学生已经来了一个多星期了，他们除了要研究龙现村的区域小环境，还要进行一系列的比较实验。"比如，养田鱼的稻田和不养田鱼的稻田在产量上的差别，不同水稻品种的产量差别，等等。"

骆世明认为，中国传统农业实践经验有一个世界上少有的、连续的文化传承基础，我们的祖先摸索出了很多很有意义的生产方法，比如桑基鱼塘、间作套种技术、农林复合技术、梯田种植技术等。"如今传统农业实践中的许多生态学原理还不是很清楚，可以说还有许多秘密，需要我们利用分子生物学等现代理论和技术进行深入研究。这些宝贵的遗产对于生态农业的建设和发展是非常必要的。"骆世明教授介绍说，在过去相当长的一段时期内，庄稼怎么种、种什么都是由生产队长说了算，通过家庭关系传承经验的途径被大大削弱，很多宝贵的农业知识就此失传。"改革开放之初，我到农村去考察，农民们竟然问我这个书生该怎么种田！"提到往事，骆世明有些哭笑不得。他说："我们现在正在抓紧时间多走访一些老人家，多搜集一些古籍、史志上的信息，进行农业文化遗产保护无疑是一个非常好的方法。"

骆世明认为，在保护区的核心地区，应该原汁原味地把这种传统生产方式继承下来。"短期内我们还不能清楚地评估农业文化遗产的经济价值，可我们的目光必须放长远一些。"

青田县副县长钟秋毫问联合国粮农组织专家弗兰克博士："农业文化遗产保护区应该怎么管理？"弗兰克耸了耸肩说："对不起！我也不知道。"

下午3点多，韦香娥来到自家的责任田拔草。她有三男两女5个孩子，小女儿出嫁了，大女儿、大儿子和二儿子都在西班牙打工，只有小儿子在身边。“可能这两年也要出去打工了。”韦香娥一边拔草一边说。

在龙现村像韦香娥这样的情况不在少数。龙现村是个华侨村，大部分青壮年劳力都在国外打工。“青田县山多地少，‘九山半水半分田’是这里的真实写照。所以，青田很早就有外出打工的传统。一战之后，法国到中国来招募劳工，很多青田人都报了名，后来出国打工、移民的人就越来越多。”吴村长介绍说：“我们村登记在册的总共才780多口人，可是有近700人在世界各地打工。”

看着村里进进出出的老人和小孩们，人们不禁担心：农业文化遗产还能不能一辈一辈传承下去?

伍丽贞靠田鱼发了家，她说：“我挣的不比他们在国外打工的人少。可种田养鱼毕竟是个苦差事，我的孩子们不愿意做，他们都向往大城市。”陈欣也表

伍丽贞在烘烤田鱼干（吴敏芳/提供）

示，她发现已经有人为了省事儿而开始使用农药。“现在村里基本都是中老年人，让他们像以前那样拔草除虫也不太可能，特别是在虫灾比较严重的年份。”

农业文化遗产保护的另一个难题是如何把保护同发展结合起来。虽然这种优质米卖出过每千克20元的天价，“田鱼”更成为畅销海外的高级食品，可“稻鱼共生”毕竟要靠人工分散劳动，同集约化农业相比，耗时、费力、增收有限。

也许中国艺术研究院苑利研究员触及到了问题的实质。他认为，农业文化遗产保护不是个经济问题，虽然不能让农民吃亏，可也不能指着它发家致富。他说：“尊重传统会得到传统的回报。日本拉门不论从力学角度还是从声学角度来讲都该被淘汰，可日本人尊重传统，最终把拉门原理运用到面包车门的设计上，解决了狭小空间的开关门问题。现在世界上每生产一辆面包车，都要付给日本相应的专利费。传统农业中蕴藏着很多宝藏，其中既有文化内涵，也有科学价值，在彻底搞明白其中的奥妙之前，保护是最好的方法。”

在龙现村，记者还听说了这样一个故事。有一户人家6个孩子都在欧洲打工，挣了钱就想在村里盖一座6层小楼。村委会认为这样做和农业文化遗产保护的基本准则有冲突，就驳回了这家人的要求。那么，应当如何协调农民的需要和保护区原汁原味的需要？

“是不是可以考虑政府给予一定程度的补偿？”闵庆文说。来自北京师范大学区域旅游规划专家吴殿廷教授说：“可以考虑发展特色旅游，比如骆教授提到的‘人造波浪’除草就可以成为一个观赏项目嘛！”集思广益之下，人们似乎看到了解决问题的曙光。“当然，无论是制定旅游规划，还是建立政府补偿的长效机制，都不能一蹴而就，还需要专家们的深入研究。不过必须说明的是，农业文化遗产保护不是要把所有的地区都变成一个农业模式，核心区必须保持原汁原味，其他区域可以因地制宜地发展。”闵庆文总结说。

历史是一首无尽的歌，一辈辈咏吟传颂，那歌词曲调既有失落，也在逐渐丰富。但总有一部分会成为民族的符号，一代代传承。全球重要农业文化遗产，让我们留下那首祖辈传唱的歌。

农民说：稻田养鱼给我们带来了好处

我是龙现村的村民。在去年6月世界农业文化遗产研讨会上，我作了发言，向各位专家、领导介绍了龙现村的稻田养鱼。一年来，我除了养好鱼、种好稻以外，尝试着恢复了两亩地的老品种的种植，全部不用农药、化肥，我发现田里的青蛙多了，老品种没有受到稻飞虱虫害，鱼和稻长得都比较好。今年6月，我看到来村里旅游的人很多。他们很多人都是知道龙现村的稻田养鱼被评为全球重要农业文化遗产后来的，来看看在稻田里怎么养鱼，来吃吃田鱼的味道好不好。我们家就拿出10多万元投资办起了渔家乐，让游客自己动手喂鱼、捕鱼、摘菜、烧饭，游客们很喜欢，一个月下来毛利润有2万多元。我发现鲜田鱼、田鱼干的价格不仅上去了，而且销路更广了，很多杭州、上海、温州的客商打电话来订购，一年纯利润达到10多万元。

但是，我也发现：我们这里留不住客，很多游客都说这里只有一个牌子，没什么好看的；因为老品种产量低、费劳力，很多农户不愿意种，不喜欢用传统种养模式；全球重要农业文化遗产还没有真正让龙现村的老百姓增加多少收入。

我想，全球重要农业文化遗产要保护，重要的是让老百姓受益，有好处，能增加收入。领导、专家要多给我们帮助，在旅游发展上让游客喜欢，让他们有得吃、有得玩、有得看，最好是能够住上几天几夜都不烦。发展旅游业如果能让老百姓增加收入，大家就会发现保护全球重要农业文化遗产的重要性，就会更加自觉地去保护。

（龙现村村民伍丽贞）

官员说：开发是保护的最终目标

稻田养鱼这种原始的农业生产方式，能够入选全球重要农业文化遗产保护项目，对青田县，乃至我国这一传统的稻田养鱼模式的保护会起到积极的促进作用。通过项目的实施，其带来的效应是明显的。一方面，冲着全球重要农业文化遗产这块金字招牌，慕名来青田旅游的人数明显增多，促进了当地旅游业的发展，给当地农民增加了不少收入；另一方面，因为有了世界遗产，群众的保护意识明显提高，接受外界的思维能力逐渐增强，能够积极主动地参与到遗产的保护中去，使他们成为世界遗产的受益者、保护者。

但在发展中我们也要看到，随着经济社会的发展，劳动力成本不断增加，农村劳动力特别是年轻劳动力向城市流动或是出国务工是一种必然趋势。农民觉得外出打工能够获得更大的经济收益，原来从事传统农作的人为了谋求更高的劳动力价值而改变先前的劳作模式，甚至放弃原有的劳动技术，这为继续保留农业文化遗产带来很大的难度。

先辈创造出的这些模式和技术，已经不再是一般的模式和技术，而是一种遗产、一种文化，一种对人类今天和未来都具有重要意义的财富，是对现代化农业所带来的环境破坏、土壤板结等种种弊端的反省和总结。入选全球重要农业文化遗产，对青田、乃至全球的稻田养鱼模式应该会是一个促进。但是与世界文化遗产不同，农业不只是一种文化形态，作为一种社会生产力，它必须适应社会的发展。毕竟随着人们观念的改变，当地那些掌握农业遗产技术而又专心养鱼的人正在迅速地减少，祖祖辈辈传下来的老传统已经在一点点淡出他们的生活，稻田养鱼处于濒危状态已是一个不争的事实。全球重要农业文化遗产的保护在全球范围内还是首次，究竟应该保护传统的稻田放养模式还是改良后的养鱼模式？具体应该保护什么？怎么保护？政策如何配合？这一切都需要摸索和研究。

保护和开发是相辅相成的，是一个统一的过程。保护是为了更好地开发，开发是保护的最终目标。保护稻鱼共生系统无非要为人民、为社会创造一个和谐的、生态的、休闲的、具有更高价值的社会环境和更有经济价值的产业。

（浙江省青田县人民政府副县长钟秋毫）

学者说：和谐相处才能持续发展

中国是世界上最早进行淡水养鱼的国家。河南安阳殷墟遗址出土的甲骨卜辞有“贞其雨，在圃渔”“十一月，在圃渔”的记载；《诗经·大雅·灵台》说：“王在灵沼，于牣鱼跃”，明确记载周文王凿池养鱼的事实。可知早在商代晚期中国就开始池塘养鱼，距今已有3000多年的历史。

中华人民共和国成立后，稻田养鱼有了长足的发展，由原来集中在南方地区逐渐遍及全国各地。1989年全国稻田养鱼面积1330万亩，鲜鱼总产量12.5吨，2000年产量更是高达74.6万吨，亩产量也显著提高，出现了大面积“千斤稻，百斤鱼”的典型。

《青田县志》载：旧青田“九山半水半分田”“梯山为田，窖薯为粮”。县境地处浙南中低山丘陵区，地形复杂，以丘陵低山为主。一方面，青田地处瓯江水系，水资源丰富；另一方面，“浙东溪水峻急，多滩石，鱼随水触石皆死，故有溪无鱼。”(《避暑录话》)而山区难以普遍开挖池塘养鱼，因此宜稻、宜渔面积少。利用有限的水土资源进行稻鱼共养，成为必然选择。

“种稻养鱼”的生产方式和“饭稻羹鱼”的生活方式是中国传统农耕文化的重要组成部分，它不仅表现在“天、地、人、稼”和谐统一的思想观念、农业生产知识及农业生产工具上，也反映到乡村宗教礼仪、风俗习惯、民间文艺及饮食文化等社会生活的各个方面。

中国农民很早就有了“顺天时，量地利，则用力少而成功多”的“天、地、人、稼”和谐统一的思想观念，陆续发展了“农牧结合”“农桑结合”和“基塘农业”等生态农业模式，稻田养鱼就是这一思想观念和文化传统影响下生态农业发展的又一种形式。

我国稻田养鱼历史悠久，形式多样，内涵丰富，潜力巨大，是人与自然和谐相处的传统农业可持续发展的典范之一。尽管传统的稻田养鱼模式在今天看来存在种种缺陷或不足，但这些不足多半是传统文化与现代文明冲突的结果。由于传统稻田系统是一种建立在传统农耕文化基础之上的农业技术、经济与文化的综合体，对它的保护、研究和利用也必须多管齐下，均衡考虑，而不能仅仅或过多地关注其日见衰减的经济效益。从确保食品安全、改善生态环境、保护传统文化的角度来看，政府有必要在政策、制度、资金等方面为传统稻鱼共生系统的存续提供保证，特别是要加强相关科学研究，为稻鱼共生系统的有效保护和可持续发展提供有力的技术支持。

(南京农业大学副教授夏如冰)

(原刊于《光明日报》，2006年8月11日5版)

全球重要农业文化遗产如何保护

李大庆

主 持 人： 李大庆（本报记者）

嘉　　宾： 闵庆文（中国科学院地理科学与资源研究所自然与文化遗产研究中心副主任、研究员）

骆世明（华南农业大学热带亚热带生态研究所所长、教授）

夏如冰（南京农业大学中华农业文明研究院副教授）

新闻背景：

浙江省青田县有个村庄叫龙现村，村里的农民有个祖先世世代代传承下来的习惯——在种植水稻的田里养鱼。去年这里的稻田养鱼被联合国粮农组织确定为“全球重要农业文化遗产保护项目”。今年7月29—30日，全球重要农业文化遗产保护项目——稻鱼共生系统多方参与机制研讨会在浙江省青田县举行。来自中外的30多位专家、学者和浙江省及青田县的地方代表，在会上讨论了如何保护好这一世界农业文化遗产的问题。

保护农业遗产世界没有先例

主持人：闵先生，去年6月11日，联合国粮农组织为浙江省青田县龙现村的稻鱼共生系统挂上了全球重要农业文化遗产保护试点项目的牌子。仅一年的时间，这个以前默默无闻的小山村就变得中外闻名了。我在龙现村看到，不少研究者和游客纷纷涌入这个小山村。从世界范围来讲，哪个国家的农业文化遗产保护工作做得不错，可以为我们所借鉴？

闵庆文：的确，龙现村现在出名了。毕竟，被列入全球重要农业文化遗产保护的项目，全世界才5项，而在中国仅此一家。但龙现村被列入农业文化遗产保护项目，仅仅是试点，并不是说它的稻鱼共生系统现在已经保护得完美无缺，而是说粮农组织希望能从这些试点的保护工作中获得成功的经验，以便向其他国家或地区的农业文化遗产的保护进行推广。

青田县的稻田养鱼（吴敏芳/提供）

给你讲个小插曲。这次在青田召开的国际研讨会开幕的前一天，青田县分管该项工作的钟秋毫副县长到宾馆拜会与会代表。当见到联合国粮农组织专家、荷兰瓦赫宁根大学佛兰克博士时，钟县长提出了这样一个问题：其他国家是怎样进行农业文化遗产保护的？他们有些什么样的经验值得我们学习？面对提问，佛兰克博士摊开双手，明确回答："不知道，目前全世界还没有成功的经验。"

全球重要农业文化遗产保护工作是联合国粮农组织在全球环境基金、联合国发展规划署等的支持下启动不久的项目，到目前为止也仅在世界上确定了6个国家的5种传统农业生产系统作为保护项目的试点。因而可以说，大家都处在同一起跑线上，各个国家，包括联合国粮农组织都处在"寻找有效的保护农业文化遗产的办法"之中。如果我们做得好，成功的经验多，那么我们对人类文明、特别是农业文明的继承和发展就会作出重大贡献。总体来说，在过去的一年时间里，我们和农业部有关部门、青田县人民政府等已经合作开展了一系列工作，包括向全球环境基金申报项目开展了保护地基础资料调查、稻鱼共生全球重要农业文化遗产保护规划正在编制之中、就农业文化遗产动态保护等问题进行了研究等，这些工作都得到了粮农组织专家的认可。

如何保护“活”的农耕方式

主持人：目前，自然与文化遗产及其保护在国际上产生了很大影响。现在，联合国粮农组织又推出了全球重要农业文化遗产保护项目，我们是否可以采用自然与文化遗产的保护办法来保护农业文化遗产？

闵庆文：按照联合国粮农组织的定义，农业文化遗产在概念上等同于世界文化遗产，而且还具有自然遗产的一些特征，因此对其的保护在某些方面可以参考自然与文化遗产的做法。但令所有专家头疼的是，农业文化遗产的保护要比自然遗产和文化遗产的保护难得多。和世界自然遗产、文化遗产相比，农业文化遗产的最大不同在于它保护的是一种生产方式、一种农民仍在使用并且赖以生存的农作方式。自然遗产和文化遗产的保护，只要将遗产项目所在地划定一个区域，迁出那些影响和有损于遗产的建设项目，杜绝有损于遗产的人类活动对遗产的破坏，或者辅以技术性的修复，就可以基本保护好。但农业文化遗产要保护的则是“活”的农业生产系统和耕作方式，就是目前老百姓还在采用的生产方式。经济增长方式的转变、乡村文化的变迁、生态环境的变化、政策的不确定性等都会对农业传统生产生活方式产生影响，这使得保护工作格外艰难。

农业文化遗产我们要保护啥

主持人：在青田县龙现村参观时，我看到联合国粮农组织专家佛兰克博士向村里的农民及村干部发问：“你们的稻鱼共生系统的保护目标到底是什么？如果为了发展旅游，你们是否可以让村里修得更漂亮一些？如果为了追求经济效益，你们是否可以让稻子或鱼的产量更高一些？”闵先生，我们在龙现村到底要保护什么？保护的基本准则是什么？

闵庆文：这也是我们研究人员所要解决的问题之一。不能简单地说我们就是要保护稻田养鱼或鱼塘种稻这样的养鱼或种稻技术，也不仅仅是为了保护某个水稻品种或鱼的品种，我们保护的是一种稻鱼共生的生态系统。鉴于保护对象与保护目标的特殊性，我们认为全球重要农业文化遗产的保护应该坚持以下三个原则。

第一是动态保护原则。就是让农民继续采用传统的农业生产方式，并且能够从中获益，可以在保护生态系统服务功能的前提下有所发展。农业文化遗产保护的是一种农业生产方式，一种充分反映人与自然协调的农业生态系统，因此，没有生产劳作是不可能保护这些传统农业系统的。当然，我们还得让农民的生产方式有所发展，因为没有发展的保护是不可持续的。

第二是整体保护原则。就是说我们不能只保护农业文化遗产中的某个要素或某几个要素，而是应该把农业遗产系统及其赖以存在的自然和人文环境作为一个整体加以保护。不仅要保护传统农具、农耕技术和农业生物物种，还要保护农业遗产赖以生存的人文环境和自然环境，包括地形地貌、土壤植被、生物景观、村落风貌、民居建筑、民间信仰、礼仪习俗等。如果没有整体保护的观念，农业文化遗产的保护将是难以实现的。

第三是原地保护原则。指农业文化遗产地不能在空间上发生大的迁移，农业文化遗产系统不能脱离其形成的原生自然环境和人文环境。农业文化遗产的原地保护原则并不意味着传统农业技术不能在其他地区得到推广，相反，全球重要农业文化遗产保护的目的就是为各地农业生物多样性和生态系统保护提供知识的积累。我们鼓励传统的农业技术在合适的区域得到推广、应用和发展，但就农业文化遗产地本身来说，它在空间上具有不可移动性，必须坚持原地保护的原则。

主持人：龙现村的稻田养鱼已有上千年的历史。如今我们要把这种稻鱼共生的系统作为重要农业文化遗产予以保护。夏教授，这种生产方式在我国南方有普遍性吗？

夏如冰：应该讲稻田养鱼在我国南方还是比较普遍的。因为它有很长的历史。据考证，最迟到东汉时期，我国就已经出现了稻田养鱼。当时饲养的品种有鲤鱼、鲫鱼、鲢鱼、草鱼、鳙鱼、泥鳅等。中华人民共和国成立后，我国的稻田养鱼有了长足的发展，由原来集中在南方地区逐渐遍及全国各地。1989年全国稻田养鱼面积1330万亩，鲜鱼总产量12.5万吨，2000年产量更高达74.6万吨。亩产量也显著提高，出现了大面积“千斤稻，百斤鱼”的典型。因此，保护好稻田养鱼的传统耕作方式对我国其他地区具有一定的示范作用。

“因为还有秘密，所以要保护”

主持人：骆教授，听说您在会议之前特地提前来到青田进行考察。您在这个小山村里看到了什么？有何感想？

骆世明：这是我第一次到龙现村考察。自从知道这里被联合国粮农组织列为全球重要农业文化遗产保护试点后，我一直想到这里来看一看。这次终于如愿以偿。

在龙现村，我做了比较细致的调查。我发现龙现村的稻鱼共生系统还有许多秘密需要我们进行深入的研究。比如，龙现村稻田里的害虫比其他许多地方要少得多，蚊蝇也几乎没有。我发现龙现村紧挨着青山，顺山自上而下建村。会不会是山上森林里的天敌控制着稻田里的害虫？会不会是林中的鸟儿吃掉了村里的害虫？

龙现村的传统稻种有的是抗虫的，有的是抗病的。近年来当地的老百姓响应农业文化遗产保护的号召，在一些地方开始恢复种植传统水稻品种，我们课题组也正在这里进行详细的观测研究。我在思考，如果村里的梯田种植水稻是这几块地种抗虫的，那几块地种抗病的，会不会这种交错种植的方式可以对稻子的防虫防病起到作用？

龙现村田鱼（一种变种的鲤鱼）的行为方式与其他地方的鱼也不相同。它不会像许多鲤鱼那样跳走，农民叫它“呆鱼”。可它会在稻田里使劲地撞稻秆，使稻叶上的害虫落到水里而食之。这是为什么？龙现村的牛也与别的地方的牛不一样。它会按照主人的命令耕田，或向东，或向西，或转圈。这又是为什么？

总的来说，龙现村还有许多秘密我们没有解开，我认为我们目前进行的保护是一种“抢救性保护”。如果破坏了这个系统，我们到哪里去研究这些目前还不为人们所知却可能对农业的可持续发展具有重要意义的秘密呢？所以我们要保护好这种传统的稻鱼共生系统，要保护好这一生态系统，要研究它的机理，不能让祖先们留下的宝贵财富在我们手里遗失。

相关链接

自2002年起，联合国粮农组织在联合国发展规划署、全球环境基金等的支持下，开始酝酿全球重要农业文化遗产保护项目。到目前为止，共确定了5个试点项目，包括中国青田稻鱼共生系统、菲律宾伊富高稻作梯田系统、秘鲁安第斯高原农业系统、智利智鲁岛屿农业系统、阿尔及利亚埃尔韦德绿洲农业系统和突尼斯加法萨绿洲农业系统。虽然这5种传统农业系统被确定为全球重要农业文化遗产，但联合国粮农组织也只是把它们作为试点，希望通过这些试点的摸索找到一条保护农业文化遗产的有效途径。

（原刊于《科技日报》，2006年8月11日7版）

全球重要农业文化遗产保护需要建立多方参与机制
——“稻鱼共生系统”多方参与机制研讨会综述

闵庆文　孙业红

2006年7月28—30日，由联合国粮农组织、中国农业部国际合作司主办，浙江省青田县人民政府、中国科学院地理科学与资源研究所自然与文化遗产研究中心承办的全球重要农业文化遗产“稻鱼共生系统”多方参与机制研讨会在浙江省青田县召开。来自瓦赫宁根大学、联合国大学（UNU）、中国科学院地理科学与资源研究所、华南农业大学、中国农业大学、南京农业大学、浙江大学、贵州大学、北京师范大学、中国艺术研究院、中国农业博物馆、农业部环境保护科研监测所等单位的专家，来自农业部国际合作司，浙江省农业厅、文化厅，丽水市人民政府及相关部门，青田县人民政府及相关部门，贵州省从江县的领导，以及有关乡镇与村的代表、华侨与企业代表、农民代表等60余人参加了会议。

2006年7月28—30日，全球重要农业文化遗产保护项目“稻鱼共生系统”多方参与机制研讨会在浙江省青田县召开（闵庆文/提供）

本次在浙江省青田县召开的全球重要农业文化遗产“稻鱼共生系统”多方参与机制研讨会，是为了实施联合国粮农组织等10余家国际组织或机构关于全球重要农业文化遗产（Globally Important Agricultural Heritage Systems，GIAHS）的保护而召开的。2002年8月，联合国粮农组织、联合国发展计划署和全球环境基金、联合国大学等10余家国际组织或机构以及一些地方政府，发起一项旨在保护具有全球重要意义的农业系统项目——全球重要农业文化遗产项目。该项目以《生物多样性公约》《世界遗产公约》《食品和农业植物遗传资源的保护与可持续利用的全球行动计划》《关于食物和农业植物遗传资源的国际条约》《21世纪议程》和《防止荒漠化与气候变化公约》等为基础，目的是建立全球重要农业文化遗产及其有关的景观、生物多样性、知识和文化保护体系，并在世界范围内得到认可与保护，使之成为可持续管理的基础。

按照联合国粮农组织的定义，全球重要农业文化遗产在概念上等同于世界文化遗产，是农村与其所处环境长期协同进化和动态适应下所形成的独特的土地利用系统和农业景观，这种系统与景观具有丰富的生物多样性，而且可以满足当地社会经济与文化发展的需要，有利于促进区域可持续发展。2004年4月，该项目正式开始，截至目前，已在6个国家挑选出具有典型性和代表性的5个传统农业系统作为试点，分别是中国青田稻鱼共生系统、菲律宾伊富高稻作梯田系统、秘鲁安第斯高原农业系统、智利智鲁岛屿农业系统、阿尔及利亚埃尔韦德绿洲农业系统和突尼斯加法萨绿洲农业系统。粮农组织希望通过这些试点项目，开发一个方法论框架，逐步探索农业文化遗产参与式发展和“动态保护”的模式。

中国浙江青田的稻鱼共生系统于2005年被选为首批全球重要农业文化遗产试点。稻鱼共生系统，即稻田养鱼，是一种典型的传统农业生产方式，系统内水稻和鱼类共生，通过内部自然生态协调机制，实现系统功能的完善。这种传统的农业系统既可使水稻丰产，又能充分利用田中的水、有害生物、虫类来养殖鱼类，综合利用水田中水稻的一切废弃生物质来发展生产，提高生产效益，在不用或少用高效低毒农药的前提下，以生物防治虫害为基础，养殖出优质鱼类。由于系统具有多方面的重要价值，尤其体现在农业生物多样性保护和人类食物安全、营养健康等方面，因此具有成为世界农业系统示范和在全球同类地区推广的重要意义。

本次会议围绕全球重要农业文化遗产的重要性、保护途径、多方参与等问题进行研讨，并着重对青田县稻鱼共生系统这一全球重要农业文化遗产保护中的多方参与机制发表意见和建议。

农业文化遗产保护意义重大

作为一种新的遗产类型，农业文化遗产渗透了几千年来人与自然和谐共处的知识和技术，是自然与文化的结晶，对人类未来的生存和发展具有重要影响。中国科学院地理科学与资源研究所自然与文化遗产研究中心主任李文华院士在他题为“自然文化遗产保护的几个问题”的讲演中指出：我国农业的发展源远流长，长期的实践在农业系统和农业技术上积累了朴素而丰富的经验，这些农业文化遗产与现代生态农业在不少方面有共同点，是当代中国生态农业的基础，在今天仍然可被借鉴和利用，保护这些农业文化遗产对于可持续发展有重要意义。

刚卸任华南农业大学校长不久，现仍担任热带亚热带农业生态研究所所长、中国生态学学会副理事长及农业生态专业委员会主任的骆世明教授，在题为“发掘传统农业实践精华　为现代生态农业建设服务”的讲演中说：像青田的“稻鱼共生系统”等传统农业系统中还有很多秘密值得我们去探索、去研究，这些宝贵的遗产对于生态农业的建设和发展是非常必要的，我们实在不能放任这些宝贵的知识财富就此湮没，目前应当实施“抢救性保护”。

中国艺术研究院苑利研究员对此也持相同观点，他在“农业文化遗产保护中的几个问题”的报告中说：农业文化遗产保护不是个经济问题，虽然不能让农民吃亏，可也不能指望它发家致富。“传统农业中蕴藏着很多宝藏，其中既有文化内涵，也有科学价值，在彻底搞明白其中奥妙之前，保护是最好的方法。”

长期从事生态农业研究的农业部环境保护科研监测所张壬午研究员做了题为“生态农业模式的发展”的报告，他指出：从传统生态农业实践中学习具有可持续发展特色的有价值的生态模式、技术和方法，是实现农业可持续发展的现代生态农业立身之本，农业文化遗产的保护势在必行。

从事农业历史研究的中国农业博物馆徐旺生研究员做了题为“从间作套种到稻田养鱼、养鸭——中国环境历史演变过程中两个不计成本下的生态应对”的报告。他通过回顾农业发展历史和环境演变历史，指出在中国农业发展过程中的人地关系的紧张趋势和环境历史演变恶化的趋势难以逆转的双重压力下，农业的可持续发展问题面临严重挑战，浙江青田龙现村持续了近1300年的“稻田养鱼”，将稻作和养鱼有机地结合起来，节约了土地、保护了环境，在生态上创造了一个可持续的模式，是一个值得尊敬的典范，理应得到人们更多的关注。

农业文化遗产保护迫在眉睫

农业文化遗产对人类未来的生存和发展具有重要影响。一方面要继承好我们的农业文化遗产，同时更重要的是挖掘各种农业文化遗产的科学与文化内涵，古为今用；另一方面要在研究与挖掘基础上，把我们的经验和知识传播到世界各地，为全人类农业的可持续发展提供借鉴和帮助。中国科学院地理科学与资源研究所副所长成升魁研究员指出：中国具有数千年的农耕文化历史，加上不同地区自然与人文的巨大差异，形成了我国种类繁多、特色明显、经济与生态价值高度统一的农业文化遗产系统，比如新疆的坎儿井、西北的砂石田以及间作套种、桑基鱼塘、梯田耕作、农林复合等。但许多传统的农业生产模式受到了现代农业的冲击，有些已经濒临消失。他呼吁“保护农业文化遗产的工作现在是时候了”。

南京农业大学中华农业文明研究院夏如冰副教授对稻鱼共生系统的历史渊源有着深入的研究，对当前国内稻田养鱼的现状也有较全面的了解，他在题为“中国传统稻鱼共生系统的历史分析”的报告中认为，目前青田县的稻鱼共生系统存在很多问题和挑战，主要是技术粗放、品种单一、种性退化、生产规模小、比较效益低、现代农业技术的冲击等。要及时认识这些问题，寻找农业文化遗产保护的合理途径，否则，这些宝贵的文化遗产就很有可能逐渐消失。

贵州大学中国本土知识与文化产权研究所所长龙宇晓研究员在“建构以社区为基础的参与农业遗产保护及利用机制：以贵州从江和黎平等地侗族传统稻鱼共生农业知识体系为例”的讲演中说，化肥和农药依赖性的形成使山区的农民成本失控，不堪重负。目前多数家庭的留守人口和“劳动力”是那些上了年纪的老农民，他们手中掌握着农业遗产，但他们却可能很快就会失去劳动能力。

农业文化遗产保护要正确处理保护与发展的关系

对于农业文化遗产来讲，保护要放在第一位，但也不能因为遗产保护而限制了遗产地的发展，保护和发展的关系问题始终是大家关注的热点。

“保护和发展是一对相辅相成的对立统一体，保护是首要和基本的任务。”李文华院士说，“但我们反对那种一味强调保护而影响地方发展的‘绝对保护’主义。应当正确理解遗产保护和地方发展的关系，力图在保护与可持续发展之间达到和谐。”

联合国大学项目官员梁洛辉先生建议：通过旅游、有机农业等建立起长期的支撑体系，在项目的初期需要通过适当的科技和财政扶持完成支撑体系的建设，但在未来要形成保护区自我维持的状态。

闵庆文研究员在题为“稻鱼共生系统保护规划的实施途径与措施”的演讲中认为：根据农业文化遗产的特点，我们应当采取动态保护的思路，通过遗产地的保护，促进生态旅游、有机农业等相关产业的发展，同时政府也应当给予一定程度的补偿，这样可以增加农民保护农业文化遗产的动力。北京师范大学的区域旅游规划专家吴殿庭教授也认为，遗产地发展生态旅游是大势所趋，可以通过特色旅游发展促进农业文化遗产的保护，同时带动地方经济的发展。

多方参与是农业文化遗产保护的基础

全球重要农业文化遗产的动态保护需要广泛的积极参与，因此，联合国粮农组织认为，农业文化遗产保护理论的形成需要建立多方参与机制。

瓦赫宁根大学教授、联合国粮农组织专家弗兰克代表联合国粮农组织制定了全球重要农业文化遗产动态保护指导方针，并对多方参与机制的设计进行了详细介绍。方针指出，多方参与机制是指不同利益相关方，相互协作、共同达到任何人都不可能单独完成的相同目的的一种机制。为了确保全球重要农业文化遗产动态保护顺利实施，各参与者和利益相关方必须协同工作。由于参与者的背景、世界观不同，他们相互了解有一定的困难，不大可能在协作中形成一个方案去实施。这就需要他们在实践中相互了解，在共同行动中交流，在实地参观中获得信息，最终达成相同的制度，管理农业文化遗产。只有这样，当地政府才能创造出一个新的、相互联系的体系。

闵庆文研究员还指出：全球重要农业文化遗产项目的稻鱼共生系统，不是简单的水稻种植、鱼类养殖的技术问题，而是一个人、稻、鱼、自然与文化景观相协调的复杂系统，涉及多个利益群体、多种学科，需要各方积极配合。特别是国家和省级农业部门在项目的领导与协调、科研部门在提供项目的科技支撑、地方政府在项目的具体实施等方面都将发挥重要作用，同时，农民、企业、华侨等也将起着十分重要的作用。

丽水市副市长肖建中认为：只有相关各方形成共识，才可以使该项目的保护规划更科学，机制更完善，应积极动员社会各界，共同支持、参与该项目的保护工作，进一步加大推广力度。青田县县长邝平正表示，将对项目在政策上予以重点支持，努力建设人居和谐的龙现村，为稻鱼共生系统项目保护创造良好的外部环境。

青田县副县长钟秋毫结合工作实际提出，农业文化遗产的保护应当确定项目实施的主体、保护区的范围以及如何处理好保护和发展的关系，并对稻鱼共生系统的维护做了郑重的承诺。

青田县是我国著名的华侨之乡，华侨们对于农业文化遗产的保护具有很高的热情。参加会议的华侨代表、也是企业代表的吴柏照，希望能够通过恢复传统的种植模式、收集传统的农具等措施，让游客参与到稻田养鱼中，把稻田养鱼发展为观赏性农业、参与性农业；另一方面，他也希望项目能够吸引更多的华侨、企业界的代表参与到保护工作中来。

青田县农民代表伍丽贞在村里投资10多万元办起了渔家乐，加上田鱼干加工，年收入增加了不少。但她也发现：很多游客觉得当地景致单一，没有太大吸引力；农民们对于传统的种养模式不是很理解，觉得费工费时。她希望领导和专家们能为农民提供帮助，在保护农业文化遗产的同时也能改善他们的生活。

[原刊于《古今农业》，2006（3）：116-119]

农业文化遗产保护的几个问题
——全球重要农业文化遗产“稻鱼共生系统”动态保护与适应性管理研讨会纪要

闵庆文　孙业红

2007年2月8日，由中国科学院地理科学与资源研究所自然与文化遗产研究中心主办的GIAHS“稻鱼共生系统”动态保护与适应性管理研讨会（Workshop on GIAHS Conservation and Adaptive Management: Traditional Rice-Fish Agriculture）在北京召开。来自联合国粮农组织、瓦赫宁根大学、联合国大学、农业部、国家环保总局、科技部、人与生物圈中国国家委员会、中国科学院地理科学与资源研究所、中国科学院植物研究所、中国农业博物馆、清华大学、中国人民大学、中国农业大学、河北农业大学等单位的专家、学者共38人参加了会议。

2007年2月，GIAHS“稻鱼共生系统”动态保护与适应性管理研讨会在北京召开（闵庆文/提供）

本次研讨会主要是为了进一步实施联合国粮农组织及其他国际组织提出的全球重要农业文化遗产项目，并且对中国制定的项目保护框架进行研讨和完善。2006年是全球重要农业文化遗产保护项目PDF-B阶段的最后一年，按照项目要求，中国需要制定国家水平上的项目总体保护框架，从而对未来6～7年的项目实施阶段提供指导。按照粮农组织的要求，中国科学院地理科学与资源研究所自然与文化遗产研究中心负责起草国家保护框架。根据近两年在浙江省青田县进行的相关调查和研究工作成果，目前国家框架已经初具雏形。与会专家对于框架的相关内容和如何进行农业文化遗产保护和适应性管理等关键问题进行了热烈讨论。

来自联合国粮农组织GIAHS项目总负责人Parviz Koohafkan先生详细介绍了GIAHS项目的概念与目前实施的情况，以及相关国家的农业遗产系统等。他对中国在农业文化遗产保护方面所做出的努力进行了肯定，认为中国可以尽力做成其他地区系统的模板，从而为其他类型的农业文化遗产提供保护的指南。瓦赫宁根大学的Frank van Schoubroeck博士认为，要通过多方参与形成一种自我维持和动态保护的机制。联合国粮农组织项目官员MaryJane DelaCruz博士介绍了目前选作试点的几种典型的农业文化遗产系统，并介绍了它们的保护经验。联合国大学项目官员梁洛辉先生认为，要重视自然资源管理中传统知识的应用，不能一味强调现代化，要让传统的农业文化遗产发挥其特有的多功能特性。中国科学院地理科学与资源研究所自然与文化遗产研究中心副主任闵庆文研究员详细介绍了中国在保护稻鱼共生系统方面所做的工作以及初步完成的农业文化遗产保护框架等内容。

与会专家围绕全球重要农业文化遗产的动态保护与适应性管理问题进行了热烈讨论，认为作为试点之一的“稻鱼共生系统”农业文化遗产保护应当注意下面几个问题。

农业文化遗产的保护范围应该适当扩大

曾任MAB中国国家委员会秘书长的赵献英教授认为，要想有效保护GIAHS，必须给政府提供一些建议，不只是当地政府，还包括与农业文化遗产保护有关的相关国家部门。同时，她表示，农业文化遗产保护不能仅仅局限在一个村、一个县，而要扩大到其他同样具有重要价值的农业系统。中国的传统农业文化遗产很多，对各种类型的农业系统都要予以足够的重视。

中国科学院地理科学与资源研究所鲁奇研究员对此持相同意见，他认为其他类型的农业文化遗产也要考虑到。另外，他还强调了古代农书在农业文化遗产保护中的重要作用。国家环保总局环境经济与政策研究中心的裴晓菲博士同样认为，传统的稻鱼共生系统保护可以考虑推广到区域范围，而不仅是一个村的范围。同时，他建议稻鱼共生系统项目做完后，可以以此为模板制定新的计划服务于其他农业文化遗产。中国科学院植物研究所原副所长王献溥研究员认为，我们应该进一步开发中国不同地区的农业文化遗产，形成保护网络，不能仅仅考虑一个小村庄，同时也不应只局限于稻鱼共生系统，还应综合考虑自然林、人工林、稻田和乡村等景观的多样性格局等方面。

农业文化遗产保护要充分尊重当地农民的意愿

清华大学人文学院朱洪启博士认为，为了更好地保护农业文化遗产，要尊重当地人的想法，要去了解当地人是如何思考这种生产方式的，这项技术或这种生产方式，在当地人的生活中起什么作用、如何起作用，在当地人的公共领域中占有什么位置，这些是首先要解决的问题。中国科学院农业政策研究中心客座研究人员Peter Kelly先生认为，农业文化遗产保护首先要了解当地农民为什么要采取这种种植方式，因为农民并不关心农业文化遗产的保护，他们只想改善自己的生活，这是非常重要的问题。

农业文化遗产保护要重视政策和法规的制定

与会专家一致认为，各个层面的政策和法规制定对于农业文化遗产的保护具有重要意义。中国的行政管理体制对项目执行有一定的限制和要求，而法律和规章的制定对农业文化遗产的保护意义重大，没有法律的保障，人们的行为无法约束，保护活动无法进行监测和衡量，保护也就无从谈起。梁洛辉先生指出，“当务之急是要制定相关政策，因为这种政策的检验需要几年的时间。”Parviz Koohafkan先生也很强调法规的制定，他认为如何去管理农业文化遗产，制定国家和国际农业文化遗产保护政策非常必要。但是目前政府官员对农业文化遗产了解很少，他们甚至不理解保护农业文化遗产到底有什么价值，因此，必须首先通过一种自上而下的宣传来增强对项目的认可。MaryJane

DelaCruz 女士认为，要确定项目的基准状态，不仅要保护这种农业，还要帮助当地制定一些社会、经济措施，使他们从中获利，只有这样才能使保护进行下去，并在其他地区进行推广。

闵庆文研究员指出，中国已经在实施可持续发展战略方面积累了相当多的经验，并已经制定了许多与农业文化遗产相关的法律、法规和政策。Frank van Schoubroeck 博士表示同意，他认为农业文化遗产政策要与目前中国所采取的生态建设方面的政策相结合，要使 GIAHS 的概念与现有的需求相结合。但这可能需要几年的时间，因为同时我们还要考虑到中国所处的发展阶段问题。

Peter Kelly 先生对于中国在生态保护方面的政策执行情况有所质疑，他说自己目前正从事中国退耕还林方面的研究，这是中国各地方采取的保护生态环境的一个重大举措，政府已经花了好多钱在这项工程上面，但目前的政策执行情况却并不清楚，农业文化遗产也可能存在同样的问题。

要继续深入就农业文化遗产保护与利用的问题进行科学研究

科学研究是农业文化遗产项目保护的前提，政策的制定要以科学研究为依据，系统的保护也要以研究为基础。但是，目前的研究还停留在对系统的描述、相关内容的阐述等阶段，没有进入微观层面。《中国国家地理》编辑李雪梅博士认为，稻鱼共生系统内部微观机理的研究对于农业文化遗产保护具有重要的支持作用，如系统中的氧化氮问题、化肥投入问题、环境问题、农民收入问题等，都是非常值得研究的问题，应该加强对基础数据的收集工作。

“在中国，人们普遍认为现代农业比传统农业要好，人们开展关于单一作物的研究，只注重产量，而不注重其他效益，但这种生态系统的生态功能需要认真研究。基本功能研究很重要，中国一些研究所关于生态功能的研究很多，这些研究不只是关注生态问题，而是在关注整个系统的价值。这种研究很重要，我们就应该综合考虑问题。”Parviz Koohafkan 先生说，开展这种研究并不困难，因为农民自己就是专家，很多工作他们都可以自己完成。鲁奇研究员认为，GIAHS 项目研究小组也要为政府制定相关政策提供意见和建议，这也是研究小组的责任。另外，鲁奇研究员也认为项目还要加强一些 GIAHS 的基础工作。

尽快编制农业文化遗产保护的中国行动计划和试点保护规划

Frank van Schoubroeck博士负责制定全球项目的保护框架，他表示，项目的实施必须建立多方参与机制。2006年7月在浙江省青田县召开的全球重要农业文化遗产“稻鱼共生系统”多方参与机制研讨会上，已经基本形成了中国多方参与的机制，但是目前具体的实施还要继续进行和完善，并且通过反馈机制进行监测。中国农业博物馆徐旺生研究员认为，要改变人们对于传统农业的偏见，“旧的不去，新的不来”的思想制约了人们正确认识农业文化遗产。现在应该是好好考虑农业文化遗产价值的时候。当今中国GDP中农业的贡献份额在逐渐下降，农业仅仅是为了解决温饱的单一功能开始发生变化，需要更多地关注和拓展农业在生态环境保护、休闲旅游和文化方面的功能。

中国在农业文化遗产保护方面取得了很好的成就，但任重道远

Frank van Schoubroeck博士认为，中国在推动GIAHS工作方面做了许多努力，已经有了相当一部分成果，尤其是在制定国家实施框架方面，但由于有些概念还比较模糊，认识不是特别清晰，所以还有很多地方需要改进，在项目的具体实施中也还有很多工作要做。目前正赶上中国搞生态建设和社会主义新农村建设，这是一个好机会，我们需要立即采取行动推动这个项目，最好建立起国家水平上的NIAHS（国家农业文化遗产），提出国家农业文化遗产保护的规划，为其他类型的农业文化遗产保护做出示范。同时，要注意从世界遗产保护中吸取经验和教训，用行动来促进和保证该项计划，包括国际水平、国家水平、地方水平等不同水平的行动和研究计划。

[原刊于《古今农业》，2007（2）：98-100]

农业文化遗产保护的意义、途径与近期主要任务
——中国青田稻鱼共生系统试点项目启动暨学术研讨会综述

闵庆文 张 丹 孙业红

会议概况

2009年2月12—13日，由联合国粮农组织、中国农业部主办，中国科学院地理科学与资源研究所自然与文化遗产研究中心、浙江省青田县人民政府承办，联合国大学协办的FAO/GEF-全球重要农业文化遗产（GIAHS）动态保护与适应性管理——中国青田“稻鱼共生系统”试点项目启动暨学术研讨会，在北京中国科学院地理科学与资源研究所召开。开幕式由中国科学院地理科学与资源研究所副所长周成虎研究员主持，联合国粮农组织驻中国、朝鲜、蒙古国代表

2009年2月，中国青田“稻鱼共生系统”试点项目启动暨学术研讨会在北京召开（闵庆文/提供）

处代表Victoria Sekitoleke女士，农业部原副部长、中国农学会名誉会长洪绂曾研究员，农业部国际合作司副司长姚向君，中国科学院资源环境局副局长冯仁国，浙江省青田县副县长钟秋毫等分别代表各方致词。联合国粮农组织水土司司长、GIAHS项目总协调人Parviz Koohafkan先生，GIAHS项目办MaryJane DelaCruz博士，地理资源所自然与文化遗产研究中心主任李文华院士，中国草学会名誉会长任继周院士，联合国大学梁洛辉先生，以及来自中国社科院、中国艺术研究院、中国农业博物馆、华南农业大学、中央民族大学、浙江大学等单位的专家应邀作学术报告；来自中国科学院、北京师范大学、绿色和平、第三世界网络、福特基金会等单位和组织的从事农业文化遗产、生态农业、农业历史、遗产保护、非物质文化遗产、遗产地旅游等专业领域的专家以及有关媒体记者80余人参加了会议。

2002年，联合国粮农组织发起了全球重要农业文化遗产（Globally Important Agricultural Heritage Systems，GIAHS）保护倡议，旨在建立全球重要农业文化遗产及其有关的景观、生物多样性、知识和文化保护体系，并在世界范围内得到认可与保护，使之成为可持续管理的基础。该倡议的目的是“保护并鼓励那些按照传统文化惯例而且符合保护或持续利用要求的生物资源习惯及使用方式。”（参见《生物多样性保护公约》第10条c款）。然而，在许多这样的系统中，优越的自然条件和贫困的农民、渔民及牧民共同存在。因此，该项目更加重视动态保护，即保护、适应与社会经济发展之间的协调。其目的是使小型农户、传统社区、少数民族和当地居民能够动态地保护他们的传统农业系统，并从农业生物多样性保护中获得经济利益，从而促进人与自然的和谐发展。2005年，中国青田的稻鱼共生系统与智利、秘鲁、菲律宾、阿尔及利亚和突尼斯的传统农业系统一同入选为GIAHS首批保护试点。

2008年6月，由联合国粮农组织牵头、6个国家参加的“全球重要农业文化遗产动态保护与适应性管理”项目正式获得全球环境基金理事会的批准。本次会议标志着为期5年（2009—2013年）的中国试点工作正式开始。会上，代表们围绕中国农业文化遗产的重要性及其适应性管理的重要意义、保护途径、成功经验和需要进一步探索的问题等进行了广泛研讨，并着重对中国国家框架、实施方案（包括活动、策略与计划）与制度安排以及新增试点和国家农业文化遗产（NIAHS）的评定标准、申报流程等进行了讨论。

中国农业文化遗产保护对于中国农业和农村发展以及国际可持续农业运动都具有十分重要的意义

众所周知，中国是一个农业大国，也是一个农业古国，拥有悠久的农业历史和灿烂的农业文化，在漫长的历史发展过程中，中国的劳动人民积累了丰富的农业生产经验，构建了许多具有地方特色、生态和谐、环境友好的农业技术知识体系，形成了大量传统农业系统，比如像旱区农业灌溉系统、立体种植养殖系统、稻作梯田系统、稻鱼共生系统、农林复合系统等，这些古老的农业生态系统，在今天仍然有着重要的现实意义，其所蕴含的丰富而巨大的生态经济和文化价值也不断地彰显出来，成为弥足珍贵的农业文化遗产。

正如联合国粮农组织驻中国、朝鲜、蒙古国代表处代表Victoria Sekitoleke女士所指出的那样：长期以来，中国劳动人民一直在探寻的、适应自然环境的农业生产方式，不仅包含了中国传统的哲学思想，而且还是现代生态农业发展的基础，他们不仅是中国的财富，也是全球的财富。Sekitolek代表表示很高兴参与到全球重要农业文化遗产这一项目中来，并将尽力帮助在中国的项目实施和保护网络的建立，同时协调好粮农组织总部和中国的关系。

“农业文化遗产的保护与可持续利用，不仅对维护乡村景观、保护生物多样性、传承传统农业文化、促进区域可持续发展等方面具有重要的意义，并且在建立和谐的新时代‘三农’社会和新农村中也扮演着重要角色。”这是农业部国际合作司副司长姚向君对青田县前期项目实施效果的总结。事实证明，青田稻鱼共生保护项目的开展，不仅加强了稻鱼共生系统在当地的保护和可持续的利用，也提高了公众对传统农业文化重要性的认识，改善了当地的环境和乡村的景观，更重要的是促进了当地农民的增收和农业的增效，产生了非常好的经济、社会和生态效益，为新农村建设，以及现代农业的发展都起到了很好的示范作用。青田稻鱼共生项目给其他国家提供了一个很好的示范和借鉴。

中国科学院资源环境科学与技术局副局长冯仁国认为，“深刻认识到自然与文化遗产的保护，不仅蕴含有许多科学发展的规律，可以推动自然科学和社会科学的交叉融合，而且又满足国家发展的需求，同时也可以在国际科学舞台上展示我国的科研成绩和保护遗产的决心。中国科学院今后会一如既往地支持这项工作，也希望自然与文化研究中心在李院士的带领下取得更大的成绩。正如路甬祥院士指出的那样，这项工作做好了，本身就是自然和文化、自然和人文科学的重要组成部分，对我们自然和文化的保护研究、合理利用具有重要的意义。它也是落实科学发展观的重要部分，中国科学院作为一个研究机构，要科学客观地提出意见。我们坚信在国家有关部门领导下，在国际组织的协助和大家的共同努力下，我国的农业文化遗产研究和保护工作将会取得更大的成绩。”

农业部原副部长、中国农学会名誉会长洪绂曾研究员指出，目前我国正在向现代化大农业方向发展，但是我们不仅不能让这些传统的农业系统遭到破坏，还应该积极主动地把传统的精华发掘出来，使它服务于现代生态农业，这也是我们当代农业生态发展的一个重要方向。

中国科学院地理科学与资源研究所自然与文化遗产研究中心主任李文华院士指出，我国的农业现代化进程与生态可持续发展具有共赢关系。他认为，当今主流的农业生产模式是农业发展中某一过程的产物，还未经过系统检验，有些模式在提高生产力的同时也对生态环境带来影响，有些已威胁到生物多样性和人类的生存。而那些存在了上千年的农业文化遗产，其中必有其合理的内核，值得认真挖掘、保护、研究和提高。

华南农业大学热带亚热带农业生态研究所所长、中国生态学学会副理事长、农业生态专业委员会主任骆世明教授也对此持相同观点。他在报告中指出，中国的现代生态农业建设需要重点通过景观生态层面的生态格局规划、生态系统层面的循环体系建设以及技术层面的生物多样性关系构建来推动。在经历了近万年的中国传统农业实践中无论是形成的生态格局、循环利用体系，还是生物多样性关系的建立，都有很多宝贵的和值得借鉴的经验。虽然对传统农业经验的科学研究已经有了长足进展，例如对作物间套作体系的原理、稻田养鱼和稻田养鸭体系的成功原因等的研究，然而还有很多传统农业的“秘密”等待揭示，因此保护农业文化遗产显得特别重要。

作为一个拥有古老文化、辽阔地域的农业大国和农业古国，我们的祖先给我们留下了丰富的农业文化遗产，其中包括历朝历代选育而成的传统名特优动植物良种、延续几千年的行之有效的优良传统技术以及体现各民族生活习俗和审美情趣的民间风俗文化等。中国农业博物馆的曹幸穗研究员认为，在当今世界经济一体化和民族文化多元化的潮流之下，我们在推进农业现代化和建设社会主义新农村的过程中，要传承和弘扬我国的农业文化遗产，突出表现我国农业文化遗产的特点和精华。

中国农业文化遗产的保护途径和成功经验

采取何种途径对农业文化遗产进行保护是大会的一个重要主题。来自中国农业博物馆的曹幸穗研究员从农业历史的角度分析了农业文化遗产的价值，继而提出了他所理解的保护方式。他认为，要保护农业文化遗产，首先政府要加强对农业文化遗产开发保护的支持和引导，其次要建立农业文化遗产的名录、资料库及其评价体系，最后要构建农业文化遗产开发保护的社会组织和基础设施。另外，农业文化遗产开发保护要突出地方特色，实现规模效应，并且要处理好农业文化遗产的利用、保护和发展的关系。

中国社会科学院的徐嵩龄研究员也提出了三种保护方式，即原地（in-situ）保护、基于社区（community-based）保护以及动态与静态结合（dynamic & static）保护。他认为，农业系统遗产的保护要跟周边的现代化农业相结合，农业系统遗产是核心部分，周围的现代化农业依托于农业系统遗产，反过来又对农业系统遗产提供高科技支撑。

关于农业文化遗产的申报问题，中国科学院地理科学与资源研究所的郭来喜研究员提出，中国的农业文化遗产可以打包进行申请，争取让更多的传统农业系统纳入到保护网络之中。来自中国艺术研究院的苑利研究员同意这一观点，但他同时指出，在打包时不能忽略了每种遗产系统自身的特性，否则容易丢失珍贵的传统元素。

法律保障问题直接关系到农业文化遗产的保护和可持续利用。中央民族大学的薛达元教授指出，为了保护我国珍贵的遗传资源及相关传统知识，在国家层面上制定战略、政策、法规和制度非常重要。目前涉及惠益分享的只有2005年底通过的《中华人民共和国畜牧法》和2008年8月国务院发布的《中华人民共和国畜禽遗传资源进出境和对外合作研究利用审批办法》，这是远远不够的。我们要加强对我国少数民族地区传统知识的调查、整理、文献化与数据库建设，重点是传统品种资源和传统栽培与育种技术的调查和文献化整理，另外也包括传统加工技术、农业生产方式以及与生物多样性保护与持续利用相关的民族习俗、艺术、宗教文化和习惯法等。骆世明教授和苑利研究员也认为法律法规是农业文化遗产保护的基础问题，需要重点考虑。在制定相关法律法规时可以参考其他遗产类型的法律和法规，通过“自上而下”和“自下而上”两种方式不断加以完善。云南哈尼梯田管理局局长张红榛介绍了哈尼梯田的相关管理法规，她希望哈尼梯田的管理经验可以为农业文化遗产法律法规的制定提供参考。

浙江省青田县龙现村是全球重要农业文化遗产的首批保护试点之一，自2005年以来，已经做了很多保护工作，取得了很多经验。该县副县长钟秋毫详细介绍了青田县和龙现村近年来的发展和变化，总结了该县的保护经验。钟县长表示，农业文化遗产项目促进了稻鱼共生系统在当地的保护和可持续的利用，也提高了公众对传统农业文化重要性的认识，改善了当地环境和乡村景观，更重要的是促进了当地农民增收和农业增效，产生了非常好的经济、社会和生态效益，为新农村建设和现代农业发展起到了很好的示范作用。

浙江大学叶明儿副教授近年来致力于共享农业文化遗产保护成果、促进西部经济发展。会上，他向大家介绍了近年来在贵州省湄潭县推广青田稻鱼共生系统的成果。青田稻鱼共生系统中的青田鱼在生长速度、外观色泽、品质等方面均表现出良好的适应性；稻鱼共生系统在增加当地农民收入，提高稻、鱼等农产品品质与安全等方面产生了积极地作用，受到了当地政府和群众的欢迎。

中国农业文化遗产保护急需解决的几个问题

1.继续提高各利益相关方对农业文化遗产的认识

大家一致认为，农业文化遗产保护涉及多个利益群体、多种学科，需要各方积极配合。国家和省（自治区、直辖市）农业部门在项目的领导与协调、科研部门在提供项目的科技支撑、地方政府在项目的具体实施等方面都将发挥重要作用，同时，农民、企业等也发挥着十分重要的作用。在各个利益相关方中，政府部门，尤其是农业部发挥着至关重要的作用，要通过不断努力使农业部进一步认识到农业文化遗产对我国农业现代化进程与生态可持续发展的巨大贡献，及其在新农村建设中所发挥的重要作用，提高国家层面对农业文化遗产项目的认同，促进项目在中国的顺利实施。同时，地方政府也要进一步提高对农业文化遗产保护的认识，配合农业部和中国科学院落实项目的实施。农业文化遗产是一个新的充满挑战的研究领域，需要多学科交叉。其中，农学、生态学、地理学、历史学、经济学、管理学等都是农业文化遗产保护的基础学科，而这几门学科的交叉学科及衍生学科也发挥着重要作用。因此，各方科研机构要进一步认识到农业文化遗产的科研价值，积极投入到相关研究工作中来。

2.以项目实施为契机，促进国家农业文化遗产保护体系的建立

中国科学院地理科学与资源研究所自然与文化遗产研究中心副主任闵庆文研究员近年来一直负责该项目工作，他主持完成了“GIAHS中国国家实施框架”。该框架提出了未来5年的总体目标、预期成果产出和拟开展的主要活动，其中一个目标就是计划在5年时间里，不断总结完善青田稻鱼共生农业文化遗产保护的经验，推进国家农业文化遗产保护体系的建立，有20个农业文化遗产地被列为国家级农业文化遗产保护试点，有10个农业文化遗产地被列为全球重要农业文化遗产保护试点。与会专家就这一框架中涉及的政策、法律、宣传以及项目实施中可能遇到的问题进行了深入探讨，并对一些具体实施办法提出了意见和建议。专家普遍认为，作为一个刚刚起步的项目，在实施过程中应当注意借鉴各方经验，建立较为完善的研究体系与国家综合管理体系，注重农业文化遗产中技术推广和文化保护二者之间的关系，在GIAHS总体框架下建立国家农业文化遗产（NIAHS）保护体系，以促进我国农业文化遗产的保护，同时积极向联合国粮农组织推荐新的农业文化遗产地作为保护试点。

3.尽快制定国家农业文化遗产（NIAHS）的评定标准

“在我们具体实施农业系统遗产保护之前，确定保护原则非常重要，在我们动态保护农业系统遗产的时候，不仅要保护其历史，保护其演替过程中的物证、事证及相关信息，而且还要保障其发展方向的继承性。”徐嵩龄研究员认为，农业文化遗产要得到保护，首先要确定保护的原则，这是农业文化遗产保护和研究工作的重点和难点。骆世明教授和来自福特基金会的白爱莲女士也非常关心这一问题，他们希望联合国粮农组织能尽早明确全球重要农业文化遗产申报的标准和原则，以便为其他试点地区的申报提供指导。MaryJane DelaCruz博士表示，这是一个重要问题，希望通过各试点国的共同努力，尽快制定出统一的标准和适应不同国家国情的国家标准和原则。梁洛辉先生详细介绍了全球重要农业文化遗产的选择标准：环境友好，可以保证食品安全；具有重要的农业生物多样性；独特的景观美学价值；与自然系统和谐共生，具有丰富的乡土知识和深厚的文化内涵；等等。与会专家在此基础上进行了热烈的讨论，并为建立中国的农业文化遗产标准提出了很多宝贵建议，如借鉴其他遗产类型的评选标准，并突出农业文化遗产本身的特色等。

[原刊于《古今农业》，2009（2）：116-120]

博物馆建设是农业文化遗产保护的重要内容
——农业文化遗产保护与乡村博物馆建设研讨会纪要

闵庆文　何　露　孙业红

2009年6月13日是我国第四个文化遗产日。由联合国粮农组织、农业部支持，全球环境基金资助，中国科学院地理科学与资源研究所自然与文化遗产研究中心和浙江省青田县人民政府联合主办的农业文化遗产保护与乡村博物馆建设研讨会在我国第一个全球重要农业文化遗产（GIAHS）保护试点地——浙江省青田县召开。本次会议的目的是配合国家文化遗产日的宣传活动，进一步弘扬我国传统农业文化，促进农业文化遗产的保护和全球重要农业文化遗产项目在我国的执行，加强不同类型农业文化遗产地的交流与合作，探讨农业文化遗产地博物馆的发展模式并推动青田稻鱼文化博物馆的建设。

2009年6月13日，农业文化遗产保护与乡村博物馆建设研讨会在青田召开（闵庆文/提供）

来自联合国粮农组织总部及北京代表处、中国科学院地理科学与资源研究所、中国农业博物馆、浙江省社会科学院、贵州省民族民俗博物馆、西南林学院、丽水市农业局等单位的专家，正在积极申报全球重要农业文化遗产保护试点的云南红河州哈尼梯田管理局、贵州省从江县人民政府、江西省万年县人民政府等地的代表，青田县人民政府和有关部门、乡镇的代表，以及《科技日报》《科学时报》等新闻媒体的记者近80人参加了会议。会议由中国科学院地理科学与资源研究所自然与文化遗产研究中心副主任闵庆文研究员、青田县人民政府副县长钟秋毫主持。

在研讨会上，来自联合国粮农组织的项目官员MaryJane DelaCruz 博士介绍了全球重要农业文化遗产项目执行情况，来自中国农业博物馆的曹幸穗研究员、刘德雄副研究员，贵州省民族民俗博物馆馆长曾丽，西南林学院的王东焱副教授，浙江省社会科学院历史研究所林华东研究员，先后围绕中国农业文化遗产保护、乡村博物馆建设的功能与建设等方面作了专题报告。与会专家还分别就青田稻鱼文化博物馆选址、布展以及世界农业文化遗产申报等问题进行了交流。

保护农业文化遗产的同时应当重视其开发、利用与发展

全球重要农业文化遗产项目并非单纯意义上对传统和过去的保护，它是利于当地可持续发展的动态保护。因此，在保护农业文化遗产的同时，如何更好地对其进行开发利用是大家最为关注的问题。曹幸穗研究员在题为“中国农业文化遗产保护与开发利用”的报告中指出：农业文化遗产是一种特殊的资源，合理开发农业文化遗产有利于农业文化的保护和传承，有利于促进农业文化遗产地农村经济的发展，也有利于增进世界各族人民的友谊和交流。但在开发时应当处理好保护、利用和发展的关系，既不能过度强调保护，把开发利用与保护传承对立起来，也不能过度强调开发。单纯以经济指标来衡量成绩的做法是得不偿失的，对农业文化遗产将是一种破坏。青田稻鱼文化博物馆的建设正是对农业文化遗产动态保护和开发利用模式的探索。MaryJane DelaCruz 博士认为，建设一个地方的博物馆是非常重要的，因为它是我们历史的记载和传承，对子孙后代也有很好的教育作用，是对农业文化遗产动态保护的具体实践。

青田稻鱼文化博物馆建设很有必要，建设中也有需要注意的问题

一是可以借鉴生态博物馆的理念。在对青田稻鱼文化博物馆建设的讨论中，青田县农业局局长赵玉鸣提出的“室内陈列与室外结合”的青田稻鱼共生博物园构想受到了一致认同。他认为，青田博物馆室内以文物展为主，室外除了稻鱼共生系统模式之外，还可以与青田石雕等基于稻田养鱼这个主题的多元稻鱼文化相结合。这种将整个特定社区作为一个整体博物馆的构想正好符合生态博物馆的思想。曹幸穗研究员提出，可以把青田博物馆设计成线路，以稻鱼共生系统作为平台设置各具内容的节点，突出地方特色。闵庆文研究员也认为，根据目前龙现村的实际情况，可以将博物馆设计成为展示稻田养鱼从古代到现代的技术演进以及不同地区技术差异的线型多点组合式博物馆。

二是博物馆的展示要突出地方特色。良好的展示有利于博物馆功能的发挥。贵州省民族民俗博物馆馆长曾丽在题为“民族文化博物馆的特点与布展要求——以贵州民族民俗博物馆为例”的报告中，介绍了博物馆布展的体会与经验。西南林学院的王东焱副教授在题为“云南民族文化生态村（生态博物馆）建设”的报告中，介绍了云南民族文化生态村建设的方法与途径。这些都为青田博物馆的展示提供了案例与借鉴。与会专家认为，稻鱼文化博物馆较为特殊，应让游客参与体验互动，例如可以让游客抓鱼、戏鱼，也可以把博物馆建设成学生的实验基地，使之与教育相结合。联合国粮农组织北京代表处的项目官员戴卫东先生认为，农业文化遗产在生态学和生物多样性方面具有其科学性，而龙现村的稻鱼共生系统是中国传统生态农业的典型代表，这些都可以作为宣传的重点。另外，青田县政府办公室副主任孙建仁认为，如何把自然景观和文化景观融合起来是一件很重要的事情。赵玉鸣局长认为可以开设一个世界之窗来展现世界上和稻田相关的东西。曾丽馆长认为可以以问题对比的形式，展示稻鱼共生系统与其他养殖方法，中国和世界、现代和古代情况的区别与联系。

三是要将博物馆建设与旅游结合起来，促进当地发展。动态保护农业文化遗产的目标之一是要考虑农民生活条件的改善和生活质量的提高，使其愿意继续从事传统的农事活动，只有这样才能确保农业文化遗产的传承。因此青田博物馆的建设，特别是建成生态博物馆这种包含整个社区的类型时，应当考虑结

合旅游、现代技术等来推动当地经济的发展。与会专家一致认为，应当把传统的农业生态系统与现代的休闲观光农业相结合，通过旅游发展更好地发挥博物馆的作用，同时也为当地经济发展提供支持。曹幸穗研究员则明确强调在为博物馆设计线路的同时应该考虑旅游和文化宣传的因素。

四是博物馆建设要引入多方参与机制。全球重要农业文化遗产的动态保护需要广泛的积极参与，联合国粮农组织积极倡导建立农业文化遗产保护的多方参与机制，博物馆的建设同样需要多方共同参与合作。曾丽馆长认为资源整合很重要，政府出场地，个人出产品或管理的能力。来自中国农业博物馆的刘德雄副研究员认为，除了政府的号召以外，还应当引进民营资本，这一点对于青田这样的侨乡显得更有意义。王东焱副教授将云南文化生态村看作是专家、干部和村民共同努力的成果，青田博物馆的建设同样需要这几个方面的支持。MaryJane DelaCruz 博士特别提出，在建设过程中应当尊重和吸收当地村民的意见与建议，因为他们才是遗产保护的主体。她还认为需要开展更多的研究活动与政策准备。

全球重要农业文化遗产的申报既要符合 FAO 标准，也要重视自身特色的挖掘

针对与会的来自云南、贵州和江西的代表的疑问，MaryJane DelaCruz 博士对全球重要农业文化遗产保护试点的申报问题做了介绍。申报材料应当按照联合国粮农组织要求的统一格式进行编写，特别是一些评选标准非常重要。但同时，由于目前尚处于试点阶段，申报材料既要符合统一标准，也应突出地方特色。她还建议中国应尽快成立专家组负责对提交申报材料进行审核和推荐。联合国粮农组织鼓励各试点国家尽快建立各自的评价体系与程序，遴选国家农业文化遗产保护地（NIAHS）。

“全球重要农业文化遗产”是由联合国粮农组织于2002年发起的旨在建立全球重要农业文化遗产及其有关的景观、生物多样性、知识和文化保护体系，并在世界范围内得到认可与保护，使之成为可持续管理的基础的国际性倡议，得到了全球环境基金的资助。在农业部、中国科学院等的努力下，浙江省青田县传统稻鱼共生系统于2005年被联合国粮农组织列为首批全球重要农业文化遗产保护试点之一。该项目中国启动会已于2009年2月12—13日在北京召

开，中国科学院地理科学与资源研究所自然与文化遗产研究中心具体负责中国试点的工作，包括青田试点保护建设、经验总结、示范推广以及新的保护试点的遴选推荐等。

[原刊于《古今农业》，2009（4）：114-116]

传承历史　守护未来

——记联合国粮农组织－全球环境基金全球重要农业文化遗产项目（2009—2014）

闵庆文　史媛媛　何　露　孙业红

在过去的几十年里，人们高度关注农业生产能力、专业化水平和全球市场，而忽视了相关的农业外部性与适应性管理策略，忽视了对多种多样、独具特色的传统农业系统的研究、保护与发展。如果不采取有效措施帮助这些传统农业生产系统应对威胁，将难以避免其消失于工业化、现代化和全球化浪潮中。全球重要农业文化遗产（Globally Important Agricultural Heritage Systems，GIAHS）倡议的提出和实施适逢其时，引起了世界范围内对这一新的遗产类型的关注。

按照联合国粮食及农业组织的定义，全球重要农业文化遗产是“农村与其所处环境长期协同进化和动态适应下所形成的独特的土地利用系统和农业景观，这种系统与景观具有丰富的生物多样性，而且可以满足当地社会经济与文化发展的需要，有利于促进区域可持续发展”。农业文化遗产具有活态性、动态性、适应性、复合性、系统性、战略性、多功能性及可持续性等特点，对于应对人类发展中的一些重大问题，如食物安全与贫困缓解、生物多样性、气候变化、生态补偿、文化多样性等具有重要意义，是一个关乎人类未来的新的遗产类型。该倡议更加强调对全球重要农业文化遗产地的动态保护，即重视保护、适应与社会经济发展之间的平衡，其目的是使小型农户、传统社区、少数民族和当地居民能够动态地保护传统农业系统，并从保护中获得经济效益、社会效益和生态效益，从而促进人与自然的和谐发展。

中国有着上万年的农业文明，自古就有保护自然的优良传统，并在长期的农业实践中积累了朴素而丰富的经验。但随着经济快速发展、人口急速增加以及工业化与城镇化进程加快，使传统农业文化的传承出现断裂，发掘、保护、传承、利用农业文化遗产，具有十分重要的意义。

项目概况

联合国粮农组织于2002年世界可持续发展高峰论坛中提出“全球重要农业文化遗产（GIAHS)”倡议和动态保护的理念。随后进行了“全球重要农业文化遗产保护与适应性管理”全球环境基金项目（GIAHS项目）的准备工作。该项目的目标是“建立全球重要农业文化遗产及其有关的景观、生物多样性、知识和文化保护体系，并在世界范围内得到认可与保护，使之成为可持续管理的基础”。通过该项目的执行，将努力促进地区和全球范围内对当地农民和少数民族关于自然和环境的传统知识和管理经验的更好认识，并运用这些知识和经验来应对当代发展所面临的挑战，特别是促进可持续农业的振兴和农村发展目标的实现。

GIAHS项目经历了3个阶段：2002—2004年，为项目的准备阶段，确定了项目的基本框架与GIAHS试点选择标准；2005—2008 年，为项目的申请阶段，得到了联合国开发计划署、联合国教科文组织、联合国大学等国际组织及荷兰政府等的支持，确定了中国浙江青田稻鱼共生系统、阿尔及利亚埃尔韦德绿洲农业系统、突尼斯加法萨绿洲农业系统、智利智鲁岛屿农业系统、秘鲁安第斯高原农业系统和菲律宾伊富高稻作梯田系统6个国家的5个传统农业系统为项目示范点，即第一批GIAHS 保护试点，并于2008 年获得了全球环境基金理事

2010年6月，全球重要农业文化遗产青田稻鱼共生系统授牌五周年纪念座谈会在浙江青田举行（青田县农业农村局/提供）

会的批准；2009—2014年，为GIAHS项目的实施阶段，建立了GIAHS 项目指导委员会和科学委员会，完善了GIAHS遴选标准和程序，开展了农业文化遗产的多功能评估、保护与管理机制等方面的研究，在首批试点地区开展了动态保护与可持续管理途径探索，通过各种方式进行了能力建设活动，将试点经验进行推广。

截至目前，GIAHS的概念和保护理念已经得到了国际社会和越来越多国家的关注。联合国粮农组织已经将其写入理事会会议报告等重要文件中。2014年在联合国粮农组织章程及法律事务委员会第97届会议报告中赋予了GIAHS在联合国粮农组织组织框架内的正式地位，这标志着GIAHS将变成联合国粮农组织的一项常规性工作。申请加入GIAHS项目的国家越来越多。联合国粮农组织认定的GIAHS项目点已经从2005年的5个扩大到31个，涉及国家从6个扩大到13个。

中国是最早响应并积极参与GIAHS倡议的国家之一，在GIAHS项目秘书处、联合国粮农组织北京代表处、有关地方政府的积极配合，相关学科专家和遗产地民众的积极参与下，农业部国际合作司和中国科学院地理科学与资源研究所积极参与了项目准备、申请与实施工作。GIAHS 项目在中国的实施可以分为以下3个阶段。

2003—2005年，为项目的准备阶段。通过实地调查、组织研讨、培训等活动，完成了试点（中国浙江青田稻鱼共生系统）的基线调查、申报材料准备等工作，成功将“浙江青田稻鱼共生系统”推荐为首批GIAHS保护试点，调动了遗产地干部和群众参与项目的积极性。

2005—2008年，为项目申请和初步探索阶段。根据GIAHS秘书处的要求，进一步完善中国试点的材料准备工作，明确了打造一个具有国际示范作用的GIAHS保护点、申报成功10个GIAHS保护试点、开展中国重要农业文化遗产（China-NIAHS）保护认定20个左右、开展农业文化遗产的系统研究促进农业文化遗产学科发展等项目目标，并以青田稻鱼共生系统为基础初步探索了农业文化遗产保护与区域经济社会协调发展的途径。

2009—2014年，为项目实施阶段。2009年2月在北京召开了全球重要农业文化遗产保护中国项目启动会，标志着GIAHS项目在中国的正式启动。随后按照项目计划，成立了项目专家委员会，重点在保护途径探索与试点经验推广、GIAHS的选择与推荐、管理机制建设、科学研究与科学普及、公众宣传与能力

2012年4月，全球重要农业文化遗产保护和适应性管理项目中期评估座谈会在浙江青田召开（青田县农业农村局/提供）

建设、国际合作等方面全面开展工作，顺利完成了项目设定的目标，取得了极好的成效。

项目执行

GIAHS中国试点项目的国家执行机构是农业部国际合作司，实施单位是中国科学院地理科学与资源研究所和浙江省青田县人民政府，GIAHS中国项目办公室挂靠在中国科学院地理科学与资源研究所自然与文化遗产研究中心。项目执行期间，围绕以下方面开展了大量工作。

1.遗产挖掘

（1）积极推进全球重要农业文化遗产申报工作。除“浙江青田稻鱼共生系统”外，“云南红河哈尼稻作梯田系统”和“江西万年稻作文化系统”于2010年6月，“贵州从江侗乡稻鱼鸭系统”于2011年6月，“云南普洱古茶园与茶文化系统”和“内蒙古敖汉旱作农业系统”于2012年9月，“浙江绍兴会稽山古香榧群”和“河北宣化传统葡萄园”于2013年6月，“陕西佳县古枣园”“福建福州茉莉花与茶文化系统”和“江苏兴化垛田传统农业系统”于2014年4月，分别被联合国粮农组织批准为GIAHS项目点，使中国的GIAHS达到11个，居世界各国之首。

（2）积极推进中国重要农业文化遗产的发掘与保护工作。参考联合国粮农组织关于GIAHS的遴选标准，并结合中国的实际情况，制定了中国重要农业文化遗产（China-NIAHS）的遴选标准、申报程序、评选办法等文件，由农业部农产品加工局（乡镇企业局）具体负责，于2012年正式开展中国重要农业文化遗产发掘工作。第一批19个传统农业系统于2013年5月正式发布，第二批20个也已完成评审与公示，使中国成为世界上第一个开展国家级农业文化遗产评选与保护的国家。

2.示范推广

（1）示范点能力建设与保护发展探索。浙江省青田县人民政府与中国科学院地理科学与资源研究所、浙江大学、丽水学院等合作，联合编制了《青田稻鱼共生系统农业文化遗产保护与发展规划》与《稻鱼共生农业文化遗产博物园建设规划》，并付诸实施；通过培训和研讨、联系商家进行多方位市场开拓、组织农产品展览展销、培训种植养殖技术与产品加工服务、选取GIAHS示范户进行榜样带动、改善遗产地基础设施条件等多种途径，有效保护了遗产地农业生物多样性与传统文化；积极宣传GIAHS的保护经验，促进了遗产地农业可持续发展，提高了农户的文化自觉性和民族自豪感，改善了农村生态环境，带动了休闲农业与乡村旅游的发展，提高了农民收入与农村经济发展水平，产生了良好的生态效益、社会效益和经济效益。目前，青田县先后接待了数十批来自国内外农业文化遗产地或候选地的代表参观学习，已经成为国内外农业文化遗产保护与发展最具影响力和示范作用的项目地。

（2）示范推广稻鱼共生生态农业技术。在总结传统技术并结合现代农业管理技术的基础上，编制了《青田稻鱼共生技术规范》，摄制发行了《青田传统稻鱼共生技术》视频；通过组织技术培训等措施，将稻鱼共生技术推广到贵州省湄潭县和从江县、四川省汶川县等地，并为当地农业经济发展发挥了重要作用；浙江省海洋渔业局发文要求在全省范围内大力推广稻鱼共生技术。

3.制度建设

在试点层面上，青田县成立了由主管县领导担任组长的青田稻鱼共生系统保护工作领导小组及由县农业局主要领导担任主任的办公室，负责统一协调农业文化遗产保护与管理工作；出台了《全球重要农业文化遗产青田稻鱼共生系统保护暂行办法》，作为农业文化遗产保护与管理的指导性文件；其他遗产地也参照进行，有些地方成立了专门的机构，如云南省红河哈尼族彝族自治州成立了世界遗产管理局，内蒙古自治区敖汉旗成立了农业文化遗产管理开发局。

在国家层面上，农业部国际合作司和农产品加工局编制了《重要农业文化遗产管理办法》，已完成社会公开征求意见与公示阶段；先后发布了《中国重要农业文化遗产申报书编写导则》与《农业文化遗产保护与发展规划编写导则》，规范并有效指导农业文化遗产的申报与保护和发展工作；2010年6月，成立了中国GIAHS项目专家委员会，以指导项目的执行；农业部于2014年1月和3月分别成立了农业部全球重要农业文化遗产专家委员会和农业部中国重要农业文化遗产专家委员会，以提高农业文化遗产遴选、保护和利用管理的科学性。

4.科学研究

中国科学院地理科学与资源研究所、中国农业博物馆、南京农业大学、华南农业大学、浙江大学、中国农业大学、中国艺术研究院等科研机构和高等学校，围绕农业文化遗产的史实考证与历史演进、农业生物多样性与文化多样性特征、气候变化适应能力、生态系统服务功能与可持续性评估、动态保护途径以及体制与机制建设等开展了较为系统的研究；在*Journal of Resources and Ecology*、《资源科学》《中国农史》《中国农业大学学报（社会科学版）》《中国生态农业学报》等学术期刊上开设“农业文化遗产专栏”；在*PANS*、*Tourism Geography*、*Frontier of Environmental Sciences*等期刊发表了百余篇中英文研究论文；出版了《农业文化遗产研究丛书》等专著、论文集20多部。

5.科学普及

GIAHS中国项目办公室先后在北京、浙江、云南、贵州、江西、河北、内蒙古、陕西等地组织了以农业文化遗产保护为主题的论坛与培训活动；成功组织了2010年中国农民艺术节期间的“农业文化遗产保护与发展成果展”和2012年中国农耕文化展期间的“全球重要农业文化遗产保护成果展”，全国人大、国务院、全国政协及农业部相关领导亲临参观；在北京、从江、红河、敖汉等地组织了农业文化遗产摄影展；与中央电视台农业频道《科技苑》栏目合作拍摄了《农业遗产的启示》大型专题片（9集），解读了中国全球重要农业文化遗产的科技秘密，获得国家广播电视总局一等奖和第三届新农村电视艺术节专题片最佳作品奖；在《农民日报》开辟了“全球重要农业文化遗产”专栏，连续刊发36篇文章；此外，项目办公室建设了农业文化遗产网站，编辑印发了《农业文化遗产简报》。

项目成效

1. 打造品牌，拓宽农民增收渠道

农民是农业文化遗产保护的直接参与者，只有使农民直接受益，才能增加他们对农业文化遗产保护的积极性。农业文化遗产地经济相对落后，互利共生的生态作用使农业生态环境处于较好状态，加上独特的农作物品种、传统的耕作方式和深厚的民族文化，为发展有机农业、开发生态产品和特色产品提供了良好的基础。在GIAHS项目的带动下，青田稻米和田鱼的品牌知名度都明显提升。青田稻鱼共生系统生产的稻米价格现在已明显高于普通米，普通米售价约每千克2.4元，而稻鱼共生系统中的米已卖到每千克17元左右，且供不应求；田鱼的价格较项目初期翻了一番，由原来的每千克16元增加到30元左右。其他遗产地如云南省红河哈尼族彝族自治州、内蒙古自治区敖汉旗等地的农产品开发也取得了显著成效。

2. 促进国际合作，掌握国际话语权

中国是一个历史悠久的农业大国，传统的农耕文明是对世界文明的重要贡献，中国的成功经验成为其他国家学习的榜样。在2011年6月举办的第三届全球重要农业文化遗产国际论坛上，联合国粮农组织称赞"中国是所有试点国家的榜样，中国的经验对于世界农业文化遗产保护和可持续农业发展具有重要示范作用"。

GIAHS 项目搭建了一个极好的国际交流平台，也成为中国农业国际合作的一个特色领域。农业文化遗产被列为中国与联合国粮农组织6个重点合作领域之一，也成为中欧合作、亚太地区农业合作、南南合作等的重要内容。在联合国粮农组织及其区域中心的有关农业文化遗产活动中，中国显示出重要甚至是主导角色。李文华院士连续当选为联合国粮农组织GIAHS项目指导委员会主席，闵庆文研究员任科学委员会委员。2013年，闵庆文研究员获得了"全球重要农业文化遗产特别贡献奖"，成为目前唯一获此殊荣的人。2013年10月，中国科学家发起成立了东亚地区农业文化遗产研究会（ERAHS），闵庆文研究员当选为第一届执行主席，第一届学术研讨会于2014年4月在江苏兴化成功举办。

3.促进学科发展，并初步建立了一支专业队伍

在项目的带动下，经过几年的发展，已经初步形成了以多学科、综合性为特征的农业文化遗产及其保护研究格局，形成了一支包括农业历史、农业生态、农业经济、农业政策、农业旅游、农业民俗以及民族学与人类学等领域专家在内的研究队伍。中国科学院地理科学与资源研究所、南京农业大学等设置了农业文化遗产的研究生培养方向，其他高校和科研单位也招收了农业文化遗产研究方向的研究生，目前已经培养了农业文化遗产及其保护的硕士、博士研究生和博士后研究人员近20人。

4.积极探索，初步建立了农业文化遗产管理机制与保护和发展的原则

农业文化遗产是历史时期创造的，但农业文化遗产及其保护研究是一个全新的课题。经过几年的实践探索和理论提升，初步建立了中国农业文化遗产管理机制及保护和发展的原则。农业文化遗产管理的机制是“政府主导、科学论证、分级管理、多方参与、惠益共享”。其中，“多方参与”是农业文化遗产管理机制中的重要内容，也是农业文化遗产保护能否成功的重要前提，具体包括政府推动、科技驱动、企业带动、社区主动、社会联动等基本内涵。根据农业文化遗产的内涵、特点和保护与发展要求，确定了农业文化遗产保护与发展的原则是“保护优先、适度利用，整体保护、协调发展，动态保护、适应管理，活态保护、功能拓展，现地保护、示范推广”。

5.GIAHS逐步深入人心，全社会保护农业文化遗产的良好氛围正在形成

GIAHS项目的实施，政府的号召、科学家的呼吁、媒体的宣传，特别是来自GIAHS保护试点的成功经验，使农业文化遗产的概念及保护的现实意义逐步被人们所认可。

国内外媒体对GIAHS项目及中国重要农业文化遗产保护给予了高度关注。日本NHK电视台拍摄的《稻米之路》，将江西万年选为拍摄场地；英国广播公司（BBC）与中国中央电视台联合拍摄的《锦绣中华》（*Wild China*）纪录片中，介绍了浙江青田稻鱼共生系统、云南红河哈尼稻作梯田系统的自然与文化景观；香港有线电视台拍摄了《鱼稻活丰年》的专题片，介绍了浙江青田稻鱼共生系统、贵州从江侗乡稻鱼鸭系统和广西龙胜龙脊梯田系统的经验；香港《明报周刊》以《稻鱼共生》为题刊发封面文章，介绍了青田稻鱼文化；《中国国家地理》《世界遗产》《中华遗产》《人与生物圈》《生命世界》《世界环境》《中国生态旅游》《森林与人类》等期刊组织了封面或专题文章，《人民日报》、*China Daily*、《光明日报》《科技日报》《中国科学报》《农民日报》等刊发了专题文章，阐述了农业文化遗产保护的意义，介绍了中国农业文化遗产保护的经验。

农业文化遗产保护与发展正迎来前所未有的良好机遇。2013年底陆续召开的中央城镇化工作会议和中央农村工作会议，特别是关于“农村是我国传统文明的发源地，乡土文化的根不能断，农村不能成为荒芜的农村、留守的农村、记忆中的故园”的科学论断，对于深入发掘农业文化遗产的内涵、深刻认识农业文化遗产的价值、促进农业文化遗产保护与管理的健康发展，无疑具有重要的指导作用。

[原刊于《世界农业》，2014（6）：215-218、221]

青田十年：站在农业文化遗产的新起点

奥 登

青田县位于瓯江中下游、地处浙江省东南部山区。从温州市前往青田县的公路都是山路，时而钻山洞，时而与瓯江相伴。1个多小时的翻山越岭后，终于到达了这个群山环抱、沿着狭窄的瓯江两岸分布的县城。这段行程是对青田县地理环境的一次解说，也是对青田县为什么会成为我国第一个全球重要农业文化遗产试点地的一个注脚。

《世界遗产》GIAHS 中国十周年专刊（闵庆文/提供）

半分田中做文章

这里在春秋时期属于越国，古越人是以种植水稻和渔猎为主的民族。司马迁在《史记·货殖列传》中形容“楚越之地，地广人稀，饭稻羹鱼，或火耕水耨”，“饭稻羹鱼”是对古越人生活方式较好的概括。而稻田养鱼是古人对于“饭稻羹鱼”的应变和创新。青田县稻田养鱼的历史至少可以追溯到1300多年前的唐代。

青田县属浙南中低山丘陵区，地形复杂，山多地少，素有“九山半水半分田”之称。如今全县耕地面积16.3万亩，而人均耕地只有0.3亩。自古以来耕地稀缺的环境压力，让青田先民不得不想尽办法，利用好每一寸田地，在珍贵的“半分田”中大做文章。

遥想古代，他们很可能将鱼放养到稻田里繁殖，经过反复的试养和驯化，终于从鲤鱼中选择出一种适宜于稻田饲养的“田鱼”来，特别适合稻田养殖环境。从此，稻田养鱼就在这片浙南山区扩展开来，养育了一代代的青田人。明洪武二十四年（1391年）《青田县志》里就记载，“田鱼有红黑驳数色，于稻田及圩池养之”，已经和现代的景象完全一致了。

青田稻鱼共生系统是典型的稻鱼共生，以稻养鱼，以鱼促稻，生态互利，达到稻鱼双丰收的目的。水稻生长的稻田为田鱼提供了优良的生存环境，水稻还能够增加水体氧气、防夏季暴晒、及时化解鱼排泄物，以及提供水生动植物等优质饵料。而田鱼能够吃掉水稻田里的害虫、杂草，清除危害人畜的蚊卵及脑炎、疟疾等疾病原生物；鱼排泄的粪便可以肥田，田鱼在稻田中来回游动，翻动淤泥，起到疏松的作用，有利于水稻分蘖和根系的发育，促进水稻生长。

稻鱼共生具有明显的经济效益、生态效益和社会效益。农业技术人员曾经统计，当地水稻与田鱼共生，每亩田的水稻一般增产5%～8%，收获田鱼20～50千克。而且由于是生态农业，水稻免施除草剂、少打农药两三次、少施化肥30%，所以每亩田还节省了可观的人工成本和物资成本。

青田县农作物管理站站长吴敏芳是一位高级农艺师，从10年前青田申报全球重要农业文化遗产之初就开始参与当地的遗产保护工作。谈到青田田鱼的独特之处，他说，正是这里复杂的山区地理环境决定了青田田鱼鱼种的多样性，这里可谓中国田鱼物种最丰富的地区，除了贵州从江有自己的独特田鱼物种外，其他地区的田鱼物种都可以在青田找到同类。“田鱼是千家万户选择的结果，是青田人的自豪。”

“这里的农民大多是华侨，几乎每家每户都有人在国外，年纪大的人在家种地。青田田地不多，人均田地只有0.3亩，一家5口也才1亩半，就算一亩地能赚一万元，对老百姓的生活来说也远远不够。因此我们这里的田鱼往往不是为了卖钱，更多的是自己家制作鱼干，给出国的家人带走。所以市场上青田鱼干的价格变得很高。”吴敏芳言语之中，体现出他对青田田鱼的情有独钟。

2005年6月，浙江青田稻鱼共生系统被联合国粮农组织列为首批全球重要农业文化遗产保护项目试点之一，青田田鱼、稻鱼共生系统成为主要核心保护对象。这是我国的第一个全球重要农业文化遗产试点。2013年，“浙江青田稻鱼共生系统”被农业部列为中国重要农业文化遗产，同时青田田鱼成为国家地理标志证明商标。青田鱼灯舞已于2008年被列入国家级非物质文化遗产保护名录，青田田鱼、青田田鱼干获得了国家生态原产地保护产品的资格。

青田县方山乡龙现村坐落在青山环抱之中，是稻鱼共生系统保护核心区。该村共有耕地500多亩、水塘140多个，山清水秀，具有得天独厚的稻田养鱼优势。村民的房前屋后、田间地头，凡是有水之处，不论稻田、水渠、水沟、水池、水潭，也不论水深水浅，都养殖田鱼，被誉为“中国田鱼村”。龙现村的歌谣曰：“有水有田鱼，有家有华侨；耕田无牛绳，四季无蚊子。”按照当地人的说法，田鱼把水塘里的蚊子卵都吃掉了，形成了生态宜居的村落环境。

在龙现村，全球重要农业文化遗产的荣誉提升了当地农民对稻鱼共生系统的认识。稻鱼共生系统的生物多样性、传统农业耕作方式、生态环境、自然景观得到了良好保护，人居环境得到了较好改善，实现了可持续发展的目标。龙现村先后被命名为浙江省新农村示范村、特色乡村旅游示范村、市级文明村等。

谈到青田稻鱼共生系统为何能够成为全球重要农业文化遗产和中国重要农业文化遗产，当地遗产工作者一致认为，这里面有偶然，也有必然。偶然是说青田抓住了农业文化遗产在中国刚刚起步的机遇，积极响应；必然是说当地的稻鱼共生系统在国内是非常典型的，遗产价值卓越。

遗产保护与产业发展并举

获得遗产资格不易，守住遗产荣誉更难。从10年前成为全球重要农业文化遗产保护试点开始，青田人就开始了他们的遗产保护之路。

遗产保护，规划先行。青田县委托中国科学院地理科学与资源研究所和浙江大学编制了《GIAHS青田稻鱼共生系统保护规划》，将方山乡龙现村划定为重点保护区，将龙现村除外的方山乡全境划定为一般保护区。当地出台了《GIAHS青田稻鱼共生系统管理办法》，明确了保护工作方针、内容、措施、责任主体、经费保障、奖惩机制等，做到依法有序保护。同时，修订完善了《青田田鱼地方标准》，制定了《青田田鱼地理标志证明商标管理办法》。专门在县农业局设立管理机构“青田稻鱼共生产业发展中心”，具体负责稻鱼共生系统保护发展工作。

青田县与中国科学院地理科学与资源研究所、国际亚细亚民俗学会、中国农业博物馆、浙江大学生态研究所联合成立了青田稻鱼共生农业文化遗产研究中心，共同研究稻鱼共生系统保护与发展、多方参与机制、生态旅游发展、生态作用机制、稻鱼共生关键技术、再生稻鱼共生等课题，至今已发表近百篇研究报告和学术论文，为青田稻鱼共生系统的保护提供了有力的理论支撑。

为了保证青田田鱼品种的纯正，青田规定，养殖的田鱼鱼种必须来自青田本地农民、专业户繁育或标准化田鱼繁育场。严禁从外地购入各种鲤鱼种苗，或者以其他杂交鲤鱼苗冒充田鱼苗。选择的田鱼苗必须健康无病虫害，具有青田田鱼的典型特征。

青田县农业局局长徐向春思考了遗产保护的持久性问题。他对记者说："遗产保护虽然说是政府层面的工作，但只用从上到下的政策和经济支持，很难达到持久保护的目的。只有让相关农民从遗产保护中得到利益，保护工作才能持久下去。"

接触后记者发现，吴敏芳站长推崇青田田鱼，徐向春局长强调稻米。徐向春回顾几年来的工作时说，青田成为全球重要农业文化遗产的前几年，大家的目光都聚焦在宣传正宗青田田鱼上面。最近几年，在农业局的引导下，开始强调稻米和鱼，宣传的重点是稻鱼共生系统，稻米同样是重要的产品。如果说在生态循环农业中生长的田鱼是绿色无污染的健康产品，值得大家高价求购，那么产自相同环境中的稻米为什么不是呢？

在他们看来，稻鱼共生系统不仅是一项农业文化遗产，也是一种高效生态的农业生产模式。因此，青田在保护区实施稻鱼共生传统种养模式，建立青田田鱼原种场和推进传统繁育技术。并在遗产地周边其他地方实施稻鱼共生"一亩田、百斤鱼、千斤稻、万元钱"工程，开展粮食生产功能区、稻鱼共生精品园和省级生态循环示范区建设工作，提升稻鱼共生产业。

产业发展并不是青田县保护这份农业文化遗产的单一目标。青田县副县长叶群力就认为，对于遗产地来说，不一定要追求种了多少水稻、养了多少条鱼，片面追求"做大做多"，反而会失去遗产本身的价值，片面追求每亩田地效益的最大化，反而会把青田稻鱼共生系统搞坏了。今天我们把稻鱼共生系统保护下来，是为了能够给后人以启示，明白祖先这样一种劳作方式的意义。同时，对于生态农业如何发展，这份农业文化遗产也会带给人们新的思考角度。

走过十年，走向未来

成为农业文化遗产的10年，对于青田来说很短暂。如今，站在10周年的新起点，青田的农业文化遗产未来之路该如何延伸呢？

记者在采访期间感受到，青田农业文化遗产保护工作者们是务实而谦虚的，在评价过去的10年时，青田人谈到更多的是青田还有许多工作做得不到位。

吴敏芳站长曾对记者感慨说：“最开始的5年，我们是摸着石头过河，慢慢地才知道遗产保护该如何做，那时候青田的影响力已经很大了，江西万年、贵州从江等地都派人来我们这里考察，学习我们的遗产保护经验。现在我们感觉，他们的脚步比我们还要快。”

青田遗产保护的脚步慢，也有客观原因。吴敏芳总结，青田地处相对发达地区，但对于农业文化遗产的保护来说，有时经济相对落后地区的保存状况反而会更好。当年青田华侨赚钱后，就会建房修院；再加上过去政府的规划不到位，因此农业文化遗产的保存状况不是很理想。“好在当时还是保护住了一些，只是景观看上去有那么一点现代的味道。”

所以在吴敏芳看来，前面10年的遗产之路，取得了经验，也有一些教训。接下来10年，政府层面应该搞好规划，同时各部门要做好协调，在遗产保护上形成合力。

徐向春局长从如何用好全球重要农业文化遗产这块牌子的角度思考良多。他希望未来的10年，通过对稻鱼共生系统的保护，能为当地带来更深层次的发展。比如科普知识传播，吸引民众来这里观光考察等，在遗产保护的同时，也实现当地老百姓的增收。再比如，可以利用全球重要农业文化遗产这个品牌，打造遗产地及其周边的农家乐和观光旅游，用第一产业来带动第三产业的发展。

青田已经委托丽水学院编制了《稻鱼共生博物园建设总体规划》，规划面积5平方千米，集稻鱼共生系统保护、农业文化遗产展示、农耕文化体验观光为一体。

青田作为华侨县，也会面临务农人员青黄不接的问题。“习惯了国外生活的年轻人可能就不会回来种田了。”当地遗产保护人员坦陈。不过他们并不是很担心，毕竟日本的农业文化遗产也存在人口城市化带来的类似问题，日本通过志愿者做相关的培训工作等，把农业文化遗产持续搞下去。

青田既是中国农业文化遗产的先行者，同样也在吸取国内外的遗产保护经验。生于山区的青田人并不封闭，他们闯荡的足迹遍布世界五大洲。他们积极开放和勇于学习的精神，将是青田农业文化遗产走向未来的最重要的资源。

青田农户心声

杨民康的农家乐

杨民康的家在龙现村入口处，离“中国田鱼村”碑不远。当记者来到杨民康的渔家乐门口时，他正在忙着搬运食材。一般来说，从早晨开始他就要准备蔬菜、禽肉等，有些食材是自己家种植或养殖的，但更多的则来自本村的其他农户家，一个电话打过去，别的农户就会把食材送过来。由于杨民康家的渔家乐很兴旺，因此鱼干之类的消费很快，卖得掉，所以许多农户都找到他，让他帮忙代卖。

据他介绍，每天中午的时候，城里的客人就陆续到了，中午和晚上，渔家乐里往往会聚集三四桌客人，有时甚至5个圆桌都坐满了人。远方的客人有时候甚至要提前半个月打电话预订位置。

杨民康以前去过温州甚至其他省份打工，从2000年左右开始经营渔家乐。随着青田成为农业文化遗产并不断发展，他的生意也越来越好。现在的渔家乐算是杨民康夫妇的夫妻店，以前小孩子在家的时候会帮忙，现在孩子都长大了，出国开店赚钱去了，只留下夫妇两人经营。

说起农业文化遗产，杨民康说：“这个牌子对我来说有很大的帮助。”由于这里稻田养鱼名声越来越响，许多人打电话来买本村的鱼干，仅卖鱼干的收入，一年就有一二十万元。

“从国外回来的人对我说，这样的生意你们还不想做？我们飞到国外去，不也是赚钱吗？”杨民康笑着说起亲戚们对他说的话。他对自己目前的生活状态很满意，现在他在自己村里就可以赚到钱，如果出去打工，可能赚不到现在这么多的钱，也没有现在自由。

杨民康说，晚上客人走后，有时他会到田里转一转，看一看田鱼。

吴碎明的计划

离开了杨明康家，沿着村路向山上走，记者来到了一个小广场。广场的高处是龙现村的特色庙宇——龙母庙，庙的右手边是看上去较新的木质农家建筑。龙现村的村长吴碎明在门口迎接我们。

吴碎明穿着干净得体。一年中的大部分时间，他也会在国外打拼，但家乡的发展一直是他和同乡们在国外的话题。“我干了两届村长了，就是给村里修桥修路，什么都没有做。”吴碎明这样说。

其实在旁人看来，能够修桥修路，也算是很不错的村长了。但吴碎明对自己并不满意，他非常关注青田农业文化遗产这块牌子，觉得青田能够获得这个品牌不容易，一定要利用好。

作为遗产地的村长，吴碎明对这个遗产地也不满意，认为村里还是看不到什么有特色的东西。他带着记者参观了装修不久的农家建筑。他准备在墙壁上装饰上全球重要农业文化遗产的图片，突出遗产特色。他还计划拿出50亩地，在田鱼上做文章，打造一个能够抓田鱼、赏田鱼的农家乐休闲项目。前期他已经投入了一部分资金，他希望政府能够给这个计划以足够的支持。

“亚洲模范农民”金岳品

风风火火的金岳品抽空来到酒店见记者。这位在2014年获得联合国粮农组织颁发的“亚洲模范农民”称号的青田农户，有着直来直去的性格。

“我16岁就去了法国，45岁回来。发现村里没有养鱼的了。老人们说是因为没有人能孵化出来。”了解了情况的金岳品感到很可惜。当他得知青田县方山乡是全球重要农业文化遗产地时，他觉得自己应该把田鱼再孵化出来。

2014年10月，金岳品（左一）获“亚洲模范农民”奖励（金岳品/提供）

他找到村里的老书记，问承包田地的事情。老书记说现在种地不要你的钱，他说白种可不行，土地要流转，钱一次付清。就这样，金岳品搞起了稻田养鱼，搞起了孵化鱼苗基地。在海外见过世面的金岳品讲究科学孵化，纠正了许多过去孵化时的错误做法，形成了自己的一套科学孵化技术。

2014年，他的鱼苗卖出了1.9万千克，今年估计鱼苗可以卖掉2.5万千克。他的鱼苗不仅让青田许多田地里重现了稻鱼共生的景象，还让更远的地方有了田鱼的身影。“我们的鱼苗最远卖到了四川和贵州。”

金岳品还建立了田鱼烘干基地，同时还做稻米生意。“我在欧洲长大，做事一讲究品牌，二讲究质量。我们要融入老百姓市场，让人们接受我们的品牌。搞农业，没有品牌是赚不到钱的。”金岳品坚持自己的稻米生产不能打农药，要做精品，获得了国家绿色认证。最终，他的田鱼干和稻米完全不愁卖，供不应求。

他还想建立一个中学试验基地，搞农耕展览厅，做一些农业文化的事情，让小孩子能够了解庄稼是怎么长起来的。他希望当地政府能够给予重视，帮助他实现这些设想。

“我希望带动周边的老百姓，甚至带动定居在国外的人能够回到中国来。”谈到未来的发展，金岳品，一个曾经的海外游子这样说。

在村头田间，青田的农户们围绕农业文化遗产的牌子思考着，行动着。他们对现状的不满意，恰恰反映了他们对未来美好前景的渴望。在青田的农业文化遗产地，有这样一群独特的农户在忙碌着，在开拓着。

[原刊于《世界遗产》，2015（10）：39-45]

中国引领世界农业文化遗产事业蓬勃发展

郑惊鸿

10年来，在农业部和中国科学院的领导组织下，我国全球重要农业文化遗产（GIAHS）保护取得了丰硕成果，顺利完成了项目各项任务，在32个全球重要农业文化遗产保护名录中占了11个，位居世界第一。联合国粮农组织驻中国、朝鲜、蒙古国代表Percy Misika 10月13日在浙江青田举行的联合国粮农组织全球重要农业文化遗产中国项目总结暨“青田稻鱼共生系统”授牌十周年纪念会上致辞并高度评价说，“中国成为全球重要农业文化遗产保护的典范，为全球农业文化遗产保护体系构建和农业农村可持续发展作出重要贡献，引领全球重要农业文化遗产工作朝着正确的方向前行”。

2005年6月，授牌仪式上的鱼灯舞表演（闵庆文/提供）

十年磨一剑，我国农业文化遗产为世界可持续发展探出新路

全球重要农业文化遗产（GIAHS）是联合国粮农组织在全球环境基金支持下，联合有关国际组织和国家，于2002年发起的一个重大行动，旨在发掘传统农业的宝贵经验财富，探索世界农业可持续发展的新途径。2005年，粮农组织在6个国家选择了5个不同类型的传统农业系统作为首批保护试点，我国的“浙江青田稻鱼共生系统”经农业部推荐、中国科学院地理科学与资源研究所和联合国大学技术支持，被联合国粮农组织认定为第一批保护试点，并于2005年6月成为世界上第一个正式授牌的遗产地。经过10年的探索实践，浙江青田稻鱼共生系统为全球重要农业文化遗产的保护和世界农业可持续发展蹚出了新路，成为GIAHS保护的世界样板；在青田的带动下，云南红河哈尼稻作梯田系统、江西万年稻作文化系统、贵州从江侗乡稻鱼鸭系统、云南普洱古茶园与茶文化系统、内蒙古敖汉旱作农业系统、浙江绍兴会稽山古香榧群、河北宣化城市传统葡萄园、江苏兴化垛田传统农业系统、陕西佳县古枣园、福建福州茉莉花与茶文化系统陆续入选GIAHS名录；我国农业文化遗产保护与发展的经济、生态与社会效益凸显，农民文化自觉性与保护积极性显著增强，各级政府以及社会各界对于农业文化遗产价值和保护重要性的认识不断提高，我国农业文化遗产发掘与保护已经成为促进农村生态文明建设、美丽乡村建设和农业可持续发展的一个重要抓手。这些重要农业文化遗产正在成为研究传统生态农业的“实验室”、展示传统农业文化的窗口、生产生态文化型农产品的基地、开展生态文化型旅游的目的地。

完善保护体系加强制度建设，推动重要农业文化遗产事业发展

为建立一个全方位、立体性的重要农业文化遗产保护体系，促进农耕文化的传承和经济社会的发展，农业部确立了“在发掘中保护，在利用中传承”的指导思想，在中国科学院地理科学与资源研究所等有关专家的支持下，构建了政府主管、科学论证、分级管理、多方参与、惠益共享的管理机制；于2012年率先开展了国家级农业文化遗产发掘与保护，目前已分三批公布了62项中国重要农业文化遗产，分布在全国25个省（自治区、直辖市）；出台多项措施，在国际上率先颁布了《重要农业文化遗产管理办法》，成立了由农业、生态、环

境、经济、历史、文化、社会等领域专家组成的专家委员会，建立了GIAHS工作经验交流制度；探索了行之有效的动态保护途径，在有效保护传统农业系统及其所蕴含的农业生物多样性、农业生态景观、农业民俗文化、农业生产技术的同时，通过农产品和特色食品加工及休闲农业与乡村旅游发展，拓展了农业生产功能和发展方式，提高了农民收入，为遗产地带来了显著的经济、生态和社会效益，让遗产地农民切切实实得到了实惠，“成为全球重要农业文化遗产保护最成功的实践者”。

搭建平台强化科技支撑，开展农业文化遗产及其保护的战略研究

农业文化遗产是一类复杂的系统，农业文化遗产的发掘、保护、利用与传承是一项复杂的系统工程，需要开展多学科、跨领域、多角度的综合研究。在全球环境基金、农业部国际交流与合作专项、中国工程院重点咨询项目、环保公益项目、科技基础性工作专项等的支持下，10年来中国科学院地理科学与资源研究所联合有关科研院所，开展了包括农业文化遗产的起源与演化、农业生物多样性与适应气候变化、生态环境效应与生态系统服务功能、多功能及多重价值与可持续性评价、生态农业与多功能农业发展、旅游发展潜力与可持续旅游发展对策、农业文化遗产保护的法律基础等方面的系统研究，完成了《中国重要农业文化遗产保护与发展战略研究》，出版了一系列研究专著及文章；搭建起了系列平台，倡导成立了“东亚地区农业文化遗产研究会”“中国农学会农业文化遗产分会”；促进了农业文化遗产学科领域的发展与青年人才的培养，初步形成了一支多学科、综合性的研究队伍；完成的咨询报告得到党和国家领导人批示，开展了各种形式的科学普及工作。10年来，我国农业文化遗产领域科研成果丰硕，既有效支撑了我国的农业文化遗产保护工作，也引领了国际GIAHS保护理论研究。

中国经验走出国门，提升了影响力、话语权

经过10年的发展，中国在遗产申报与管理、科学研究与成果推广、政策融合与机制建设、学科发展与能力建设等各方面均走在了世界前列。中国的经验，走出国门、走向世界。2011年，李文华院士当选为联合国粮农组织GIAHS项目指导委员会主席，在世界农业文化遗产保护中发挥了领导作用。闵庆文研究员

于2013年获得了联合国粮农组织颁授的“全球重要农业文化遗产特别贡献奖”，成为目前世界上唯一获此殊荣的人。我国遗产保护的经验和做法成为联合国粮农组织制定相关制度的决策参考，得到了其他国家的推崇和借鉴，为全球重要农业文化遗产事业的蓬勃发展发挥了重要作用，并直接推动了粮农组织开展的全球重要农业文化遗产保护工作，使中国的经验辐射到越来越多的国家。2014年6月，中国政府与联合国粮农组织签署了“南南合作”框架下开展GIAHS工作合作协议，农业部于2014年、2015年连续举办了两期“GIAHS高级别培训班”，有30多个国家的60人次到我国学习考察，促进了更多国家加入GIAHS保护行列。在农业部的推动下，2014年召开的APEC第三届农业与粮食部长会议通过的《亚太经合组织粮食安全北京宣言》强调，要“加大各经济体农业文化遗产保护力度，支持联合国粮农组织在全球重要农业文化遗产方面所作的努力”。正是在中国政府等的强力推动下，“全球重要农业文化遗产”已经成为联合国粮农组织一项重要工作。10年来，中国为推动全球重要农业遗产事业作出了巨大贡献，全球重要农业文化遗产也成为我国农业国际合作的一项特色工作和农业对外交往的一块“金字招牌”。通过GIAHS工作，进一步提升了我国国际合作的影响力、话语权和主动性。

（原刊于《农民日报》，2015年10月15日2版）